清香蔬菜研究

——栽培、营养、调味和美食——

王　化
上海蔬菜经济研究会　编著

上海科学技术出版社

图书在版编目（CIP）数据

清香蔬菜研究：栽培、营养、调味和美食 / 王化，上海蔬菜经济研究会编著. -- 上海：上海科学技术出版社，2020.7（2020.9 重印）
ISBN 978-7-5478-4895-1

Ⅰ．①清…　Ⅱ．①王…　②上…　Ⅲ．①蔬菜园艺②蔬菜—食品营养③素菜—烹饪　Ⅳ．①S63②R151.3③TS972.123

中国版本图书馆CIP数据核字(2020)第061867号

清香蔬菜研究
栽培、营养、调味和美食
王　化
上海蔬菜经济研究会　编著

上海世纪出版（集团）有限公司
上 海 科 学 技 术 出 版 社　出版、发行
（上海钦州南路 71 号　邮政编码 200235　www.sstp.cn）
当纳利（上海）信息技术有限公司印刷
开本 889×1194　1/32　印张 7.5
字数 200 千字
2020 年 7 月第 1 版　2020 年 9 月第 2 次印刷
ISBN 978-7-5478-4895-1/S · 197
定价：60.00 元

内容提要

本书是一本介绍清香蔬菜栽培、营养、调味及美食的著作。全书共分6章，分别介绍了中国传统清香蔬菜和外国主要清香蔬菜及其栽培技术、蔬菜加工技术、清香蔬菜调味美食技艺、中国调味蔬菜食用历史和蔬菜美食文化小品等相关内容。

本书内容以实用为主，结合有关科技理论研究编写而成，可作为蔬菜专业人员，医药、营养、烹调人员的工具书，也可供相关专业大专院校师生和广大园艺、美食爱好者阅读参考，并应用于日常生活。

序　言

在这冬去春来万物复苏的阳春三月，欣闻97岁高龄的王化研究员新著《清香蔬菜研究》即将出版，并受邀为此书写序，王老先生是我国著名蔬菜园艺学家、德高望重的蔬菜栽培资深专家，也是我校（南京农业大学）1947届老学长。作为先生的晚辈，深感诚惶诚恐，但想到这也是一次向先生表达敬仰和感激之情的机会，深感荣幸，也就恭敬不如从命了！

在此，不禁想起前年冬季，我同郭世荣教授应邀赴沪参加中国设施园艺学术年会时，特地前往王老先生寓所拜访。当见到久违的已届95高龄老学长，仍一身清秀，鹤发童心，步履从容，我们情不自禁地齐向老前辈表达了最崇敬的祝福与问候！更受益的是，他向我们侃侃而谈了20年来在淞沪之滨不受干扰地享受着老有所乐的退休生活，以及心怀“老骥伏枥，志在千里”的报国之志和继续发挥余热的胸怀，先生还历数了自己在养生、书法，特别是沉浸于唐诗、古文学习的快乐。同时，近年来先生还在发掘、整理、研究蕴藏着深厚文化内涵、具有营养保健作用的芳香蔬菜等中国传统优秀蔬菜的大量珍贵史料，结合自己毕生扎根蔬菜科研工作的学术积累，先生先后撰写了两本科技专著。其一《中国蔬菜传统文化科技集锦》已由科学出版社于2016年正式出版发行。此次又把一本刚完稿的《清香蔬菜研究》手稿复印件交我带回与江苏省农业科学院陈广福研

究员一起审稿。事隔一年，该书即将顺利出版，真是可喜可贺！

我和先生认识并交往，源于我就读浙江农业大学（今浙江大学）和就职南京农业大学时的两位恩师：李曙轩和曹寿椿两位教授。他们都是南京农业大学前身国立中央大学园艺系的老师，王化先生是两位老师在抗日战争“中大”西迁重庆和战后迁返南京时的1947届优秀弟子。故王化先生和我成了同门弟子，但他比我年龄长一轮，是我敬仰的学长。工作以后常听曹、李两位先生夸奖王化先生为人真诚善良、学识渊博，对上海“菜蓝子”工程建设贡献良多，尤其在设施园艺与蔬菜工厂化育苗方面很有建树。改革开放后，同处长三角地区蔬菜产学研领域，学术交流颇为活跃，我和王化先生接触学习的机会也随之增多。“文革”后，王化先生作为我国蔬菜栽培学界博学多才的知名专家，参加了经典辞书的编著或审定工作。例如，《中国农业百科全书蔬菜卷》《中国蔬菜栽培学》《农业大词典》《辞海》等都有他的辛劳。我当时仅是一名年轻的初学者，抱着谦虚谨慎向前辈学者学习的心情参与编写工作。记得在编写《农业大词典》时遇到一个词条，英语、日语片假名音译均为“floating mulching culture”，是国外新兴的利用保温、透气、透光的农用无纺布等轻型覆盖材料，不设支架直接覆盖在蔬菜等作物上防止霜、风、雨、鸟和病虫危害，以提高农作物产量和品质的一种简易、低成本的覆盖栽培新技术，中文有人译为“飘浮覆盖”，有人译为“近地面覆盖”，但大家都感到不满意。我就请教王化先生，他建议译为“浮面覆盖”，大家都叫好，就这样定稿采用了，我很有受益，也深感自豪！当年，王化先生还主编出版了《蔬菜现代育苗技术》和《上海蔬菜种类及栽培技术研究》（中日合作出版内容相同的日文版《中国の野菜》）两本经典的专业科技书籍，不仅成为国内大专院校蔬菜园艺专业师生的必读参考书，也成为改革开放后调整种植结构，广大农户种菜致富争当“万元户”

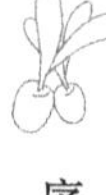

的重要参考书。

十一届三中全会后，对外学术交流日渐频繁。那时凡是来我校蔬菜园艺领域进行交流的外国专家，都得到了王化先生的亲切关照，当时我们学科的两个国家课题研究工作也都得到了王化先生和有关领导专家在技术和资金等方面的大力支持。

王化先生此次出版的这一新著，是基于他毕生从事蔬菜科学研究的丰硕业绩，与潜心整理中华传统美食文化知识有机结合所撰写的又一科技佳作。全书内容系统全面、丰富翔实，这种“古今结合，古为今用”方式撰写的清香蔬菜科技专著，不仅为国内外蔬菜园艺领域相关专业人员提供了一本高水平的参考书，也为广大民众奉献了一本优秀的科普文化书籍。

值得提出的是，作者为本书冠名的“清香蔬菜”，并非蔬菜分类学的学术名词，而是将分类学中的葱蒜类蔬菜、绿叶菜类的香辛叶菜和改革开放后新引进的许多香草 (herbs) 类蔬菜，以及各类蔬菜中具清香辛辣气味和调味料功能的众多蔬菜进行整合而提出的一个广义的专用学术名词。

该书的一个显著特点是，作者首次发掘、整理、研究了我国清香蔬菜栽培与调味食用科技的发展历史。可见作者不仅专业理论知识扎实，而且博古通今，思想活跃。

全书内容全面反映了当前我国芳香类蔬菜的最新科学技术水平。由于作者有长期从事蔬菜科研与推广工作的经历，总结的栽培技术代表了当前我国的先进技术水平，不失为一本可供国际学术交流的优秀科技专著。在中国传统蔬菜文化论述中，特别对中国原产、外国没有的一些特色蔬菜，作者如数家珍，对我国蔬菜品种资源的保护起到了推动作用。

为弘扬博大精深的中国传统蔬菜文化，造福国人，先生满怀激情，以其辛劳和智慧，笔耕不辍，为我国新兴的芳香蔬菜科技与产业发展，奉献了一本高水平的科技专著！他把鲐背之

年完成这一繁重任务当作是“最大的乐趣，最佳的闲适和乐而忘忧”，突显了先生毕生爱国敬业，对专业的执着追求、锐意进取的坚毅品德！他用先人“精神越用则越出，阳气越用则越明”的诗句作为他老当益壮的养生之道，并以此勉励后辈，令人受益匪浅。

原南京农业大学教授、博士生导师、园艺学系主任、
上海市设施园艺技术重点实验室首届学术委员会副主任（兼）
李式军
2020 年 5 月 1 日

前　言

中国蔬菜种类多，更有不少具有地区特色的蔬菜。例如：河南省的十香菜（皱叶留兰香）和荆芥，在当地可谓“老幼皆知，无人不食”；武汉等地人们则将荷叶用作美食蔬菜，但是外省人却都“不闻其名”。中国古代有不少常吃的蔬菜，如菖蒲、蓼、蒿等，但现在已经很少了。这些“特种蔬菜”共同的特性之一，就是都有香气。在现代的中国蔬菜园艺书籍中，却很少有这些“特种蔬菜”的内容。

随着我国对外交往日益频繁，国人需要更多了解西餐和西菜。要知道在众多的外国蔬菜中，如薰衣草、迷迭香、牛至等都是西菜中重要的香辛调料蔬菜。它们共同的特性之一，也是香气浓郁。

中外蔬菜中，香气浓的蔬菜种类还很多。作者以往的研究已经注意到，香气浓的蔬菜有良好的保健功能，应该加以重视，深入研究和开发利用。

中国主要的蔬菜中，葱、蒜、芹菜等都有较浓的香气。虽然现代蔬菜园艺书中都有这些蔬菜的内容，但是对如何发挥它们的保健功能还不够重视。故作者把中外古今许多香气浓的蔬菜种类一并列入清香蔬菜类，以便进一步研究。

鉴于现代还未见到全面系统地介绍有关清香蔬菜的书籍，

作者在发掘整理中国传统蔬菜文化的基础上，将多年研究清香蔬菜的结果汇编成此书，内容详细记载许多清香蔬菜及栽培技术，同时还介绍了清香蔬菜的保健功能及其调味美食应用技艺，以供读者丰富有关科技与文化知识，并且有助于实践。

本书所称的清香蔬菜，不是蔬菜园艺学中的专门名词，而是日常的用语。它泛指许多具有香气的蔬菜，包括蔬菜园艺学中的葱、蒜类、清香绿叶菜类和通称香草蔬菜类等，另外还包括外国蔬菜中的香辛调料蔬菜。

本书内容中外古今结合，古为今用；以实用为主，结合有关科技理论及蔬菜文化。在第一章中国传统清香蔬菜及栽培技术中所涉及的蔬菜，不是指中国独有的，而是主要产于中国，或者以中国为例说明这种蔬菜。花椒虽是木本香料植物，但它是重要的香辛调料，其嫩叶也可当作调料蔬菜。

由于本书内容涉及多个学科，加之作者学识肤浅，故不妥或不足之处在所难免，希望读者不吝指正。

本书承陈广福研究员、李式军教授审稿，王书霞君整理稿件及协助校稿，曹民杰、解莞华君打印，在此一并致谢。

最后，本书作者是95岁高龄老叟，身体尚健，如果有人问作者养生之道，可以奉告：少吃油腻，多吃颜色深、香气味浓的清香蔬菜。

王　化

2019年3月

目　录

第一章　中国传统清香蔬菜及栽培技术

第二章　外国主要清香蔬菜栽培技术

第三章　蔬菜加工技术

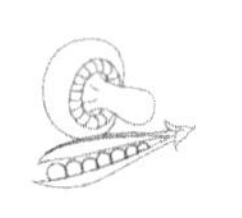

第四章　应用清香蔬菜调味美食技艺

第五章　中国调味蔬菜食用历史

第六章　蔬菜美食文化小品

第一章 中国传统清香蔬菜及栽培技术

第一节 葱

1. 古代中国的葱

葱的古名为：茖、芤、菜伯。

茖，音“革”。《尔雅 · 释草》云：“茖，山葱。”据郭注云：“茖葱细茎大叶。”所以古代的葱也可以称为“茖葱”，“茖”是指山上野生的葱，古人描述这种野葱的茎很细，叶很大。

芤，音“孔”，字义是“草之有孔者也”。这一句的意思是，植株叶中有孔的草本植物，称为芤。葱的形态特征是叶的中间是空的，这说明我国古人在“造”字时，已经很清楚地掌握了葱的形态特征，并且反映于“葱”字上。

“伯”字人们很熟悉，“伯父”是父亲的哥哥，所以“伯”就是“老大”了。“菜伯”因此也可以解释为蔬菜中的“老大”。从这个字义来研究，说明远古时代中国人的祖先非常重视葱，所以把它称为“菜伯”——蔬菜中的“老大”。

为什么远古时代我们的祖先已经非常重视葱呢？究其原因如下。

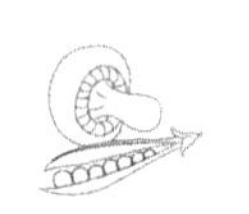

首先，远古时代人们以肉食、鱼食为主，那时候葱已经成为重要的调味品（详见《礼记·内则》所载）。而葱可以有效去除膻腥味，并使主食增香添味。其次，在远古时代还没有蔬菜栽培，古人吃的主要是水生的野菜，吃葱可以填补一些蔬菜供应不足。最后，那时候野生的葱很普遍，取材容易。

古人认为，葱既可调和众味，又可去腥除膻增香，可谓佳蔬良药，一日不可无葱，葱者菜之伯也。关于葱的原产地，我国相关书籍中也已经有所记载。

吴耕民《蔬菜园艺学》（1946 年版）载："葱之原产地是西伯利亚，其栽培起源已有三千年。欧洲葱头栽培甚广，大葱之需要少。我国自古栽培，其需要极多……" 这一段文字虽然明确指出，葱原产于西伯利亚，而且已有三千年的历史，但是下半部又指出在欧洲洋葱栽培多，大葱则很少栽培，而大葱在中国需求极多。

《中国蔬菜栽培学》（1987 年版）载："大葱的近亲种原产我国西北及相邻的中亚。""葱是我国最早栽培的蔬菜之一。"

王化主编《上海蔬菜种类及栽培技术研究》（1994 年版）载："葱的主要类型原产中国。"

综上所述，葱原产于中国及相邻的中亚地区。可是上述书籍中都没有详细的说明，因此作者依据下列事实作为论证的参考。

根据 20 世纪 60 年代援藏人描述：那时在西藏高海拔地区还有野葱，开红色花。

在《后汉书·章帝纪》注云："葱岭在敦煌西八十里，其山高大多葱。"

又据《说文》云："并州以北多饶茖葱也。" 茖葱即山葱，为野生小葱。并州在现代河北省的冀东保定及山西省的太原和大同，以及陕西省的延安和榆林等地区，在这样广大的地区中，生有很多野葱。

在《礼记·内则》（公元前 475 ~前 221 年）有多处记载葱，

例如"脍，春用葱"等。

又据史料记载，公元前663年齐桓公率兵攻山戎（少数民族），发现山戎族种冬葱和戎菽（豆类），而将冬葱和戎菽移植齐国。

上述的冬葱并不是当时野生的茖葱，很可能这种"冬葱"是大葱的原始类型。这些史料不仅进一步肯定葱原产中国，而且中国栽培葱已有三千年的历史了。

葱蒜类蔬菜的原产地：葱——中国及中亚，韭——中国，薤——中国，洋葱——中亚，韭葱——地中海沿岸，蒜——中亚及中国。

2. 古代中国葱的种类

（1）远古时代中国葱的种类

茖葱　葱岭等高山上野生小葱。

冬葱　东周时代齐桓公从山戎族引进的葱，这种葱已经被古人栽培，很可能是"大葱"的原始类型。

木葱、汉葱　我国古代中原地区栽培的大葱，因为它们的植株高大，故称"木葱"。在中原地区栽培，又名"汉葱"。很明显"木葱"和"汉葱"是现代中国大葱的祖先了。

（2）中古时代中国葱的种类

根据汉朝《四民月令》载，中国葱的种类有夏葱、冬葱、大葱、小葱。"二月别小葱，六月别大葱（夏葱曰小，冬葱曰大）。"这一段文的意思是生长期短（2个月）的是小葱，生长期长（6个月）的是大葱；夏天可采收的是小葱，冬天采收的是大葱。所以在汉朝已经有大葱、小葱，冬葱、夏葱了。

3. 中国历代重视葱的利用

周朝葱已经是重要的调料蔬菜，并且多次载于《礼记·内则》中。例如，"脍，春用葱，秋用芥。""脂用葱，膏用薤。"

在周朝，葱又被用于宴请贵宾时宴席中的食材，例如《礼记·曲礼》载“进食之礼醢酱处内，葱渿（渿是蒸熟的葱）处末”，所以周朝大葱的身价很高。华夏是文明古国，崇德尚礼，所以在宴请时也十分重视礼貌待人。

《后汉书》载：“……太官园种冬生葱韭菜茹，覆以屋庑，昼夜燃蕴火，得温气乃生。”这一段的意思是：在后汉时期（公元25～220年）的宫廷中，冬天室内加温种葱韭菜茹。这个历史事实指出，我国在二千年以前已经利用温室于冬季生产葱韭，可见中国是世界上最早利用温室栽培蔬菜的国家。

后魏《齐民要术》“葱”一章中载：“如在城郭近……如只十亩之地……选得五亩，二亩半种葱。”在以后的王桢《农书》等古农书中也载有葱的栽培。

宋朝名士朱熹十分赞赏葱的美味和食疗效果，他有诗云：“葱汤麦饭两相宜，葱补丹田麦疗饥。”

随着人类历史的演进，我国饮食业不断地发展，葱更逐渐成为我国膳食中不可缺少的重要调味品。宋朝陶谷《清异录》载：“葱和美众味，若药剂必用甘草也。”意思是加入葱以后，可以使许多菜肴变得美味，它的重要作用正好像在中药中必须加入甘草一样重要。

在炒菜调羹烹饪中，炒、爆、熘、炖、焖、扒、拌、烩等都离不开葱，虽说只是陪衬的配角，但缺之却乏味。所以古人评葱说“虽八珍之奇，五味之异，非葱莫能达其美”。现代人们的厨房中，一天也不能没有葱。正如俗语所说：一根葱到处用。

经过中国古代长期的培育，产生了一系列中国葱的优良品种，并且在黄河中下游地区普遍种植大葱，使葱成为现代中国主要的蔬菜之一。大葱及小葱在中国南北各地的农村及城市中普遍栽培。

4. 现代中国的葱

现代中国葱的种类很多，按照植株形态及地区分布区分，可以分为大葱及小葱两大类。大葱的植株高大，主要以葱白供食用，在中国北部普遍栽培；小葱的植株矮小，以青葱供作调料，分布于中国南部。

大葱的品种 中国大葱的优良品种有山东章丘梧桐葱，以往市场上也称为章丘明水大葱，为长葱白类中的著名品种。植株高达 1 米余，葱白长达 40 ~ 50 厘米，品质柔嫩，味香而美，为中国最著名的大葱优良品种。其他长葱白大葱的优良品种还有：盖平大葱、西安矬葱、洛阳笨葱等。短葱白的大葱优良品种有：山东寿光八叶齐、西安竹节葱等。鸡腿葱优良品种有：莱芜鸡腿葱、大名鸡腿葱等。

大葱的畸形变种 楼葱，别名：楼子葱、橹葱、多层葱、龙爪葱、龙角葱、羊角葱、曲葱。楼葱是大葱的变种，叶绿色，向上直立生长，分蘖力很强，下部生小鳞茎，似小葱头。楼葱在开花时，叶上部 33 ~ 50 厘米处生成环节状，在这个环节处又会生出 3 ~ 10 个小鳞茎，再环生小葱，其中的一支小葱更加伸长 20 厘米左右，在它的上面再生小鳞茎。这样一层一层交错地生小鳞茎和小葱，所以称为楼葱。楼葱上层生的小葱还可以再播种，繁殖成为新的葱株。但是葱白很短，青葱仍旧可供食用，不过这种葱的品质和香味较差。现在我国的青海、西藏有楼葱栽培。

早期日本葱的优良品种

千住葱 为从前日本东京市场上最著名的大葱品种，葱白长达 50 厘米左右，质嫩有香气。

一本葱 不分蘖，葱白肥大。

九条葱 葱白长 20 厘米左右，分蘖力强，葱叶也可供食用。

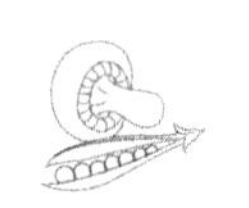

小葱的种类 现代中国小葱的种类多，各地小葱的俗名则更多，例如：青葱、黄葱、沟葱、老葱、香葱等。至于小葱分类中的名称，还有分葱、胡葱、四季葱、冬葱、冻葱、细香葱、回回葱、辫子葱等。以下是小葱的主要品种。

① 分葱，别名有四季葱、菜葱、冬葱、冻葱等。分葱在我国南部栽培很广，植株高 30 厘米，分蘖力极强，一般每株分蘖 30 个左右，叶绿色，叶面稍有蜡粉，叶基部稍膨大，但不形成膨大的鳞茎。耐寒也较耐高温。因为冬季也可采收，故有冬葱之名。

② 细香葱，原产希腊及意大利，以往在英国盛行栽培，我国也有栽培。细香葱的叶形和胡葱相似，株高 20 厘米，叶细小，深绿色，质柔软，可以割取供作香辛调料。鳞茎（葱头）小，分蘖力较强，每株十余个。每年老株可残留过冬，春季开花，但很少结籽，一般用分株法繁殖。

③ 胡葱、丝葱，别名有回回葱、辫子葱等。原产中国。胡葱是小葱类中具有膨大的鳞茎，其鳞茎（葱头）经腌渍以后可以食用。叶长 30 厘米，绿色，鳞茎较膨大，长 3 厘米，基部略呈菱角形，表皮红褐色或灰白色。晚春开花，但不易结籽，所以用分株法繁殖。有人认为胡葱是洋葱演变而成，所以它的拉丁学名和洋葱相同。

小葱种类多，在国外也被统称为香葱。

5. 葱的栽培技术

（1）大葱的栽培技术

精耕细作，是中国蔬菜传统栽培技术特色之一。山东大葱的品种和栽培技术尤其闻名。大葱性喜冷凉的气候，生育适温 13 ~ 25℃。它的生长期可以长达八九个月，在大葱的一生中，先后会生成 30 多片叶，不断地更新，在每一个生育阶段，必须保持有 6 ~ 7 片绿色功能叶方可确保葱的正常生长，并且为获得葱的稳产、高产奠定基础。

大葱的一生中，可以在不同的生育阶段陆续采收，以供应市场。大葱的不同品种，生育期长短差异较大，由于这些因素，大葱栽培有多种栽培型，其栽培技术也有一些差异。

现将山东地区长葱白品种大葱的软化栽培技术简介如下。

栽培型 大葱栽培可以分为春作、夏作和秋作三型。春作一般于3月上旬播种，7月中旬至8月上旬定植，11月至翌年3月采收；夏作一般于6月下旬播种，9月上旬定植，翌年4月开始采收；秋作一般于8月中旬播种，翌年3月半定植，6月开始采收。

栽培方法 以秋作为例，简述栽培方法如下。

① 整地。宜选用富含有机质的壤土，田间排水必须良好。大葱栽培忌连作，否则易遭病虫危害，前作可以为豆类、土豆或者3年以上不种葱蒜类蔬菜的菜园地。大田应施足基肥（堆肥、厩肥或豆饼等），并平整土地。

② 育苗。培育壮苗是大葱获得丰产的基础，故苗床应多施基肥，精细整地，撒播葱的种子，或者按行距15厘米条播，每公顷大田需播种子量约18千克。薄覆细土，充分浇水，保持床土湿润，大约经过10天开始出苗。出苗以后及时除草，越冬前在苗床中浇"冻水"，并且覆盖无纺布或塑料薄膜以保墒保温。

第二年春葱苗返青生长以后应及时间苗，苗距6～7厘米，幼苗三叶期后开始追施氮肥，并且要勤除草。

③ 定植。第二年3～4月，苗高约25厘米时，起苗定植大田，先将葱苗分成大、中、小三级，分开定植。按一定的行株距，将葱苗根部插入定植沟底的松土层中，俗称"插苗"。行距（即定植沟的沟距）80～100厘米，穴距6～10厘米，每穴栽苗1株，应该将葱苗栽于定植沟的西侧或北侧，使葱苗向阳，能够多晒日光。每公顷菜地定植葱苗19.5万～24万株，定植完毕后浇水，大约经过10天后葱苗逐渐恢复生长。

④ 田间管理。葱苗活棵以后，要勤中耕除草，随着葱株的生

长，先后追肥 3～4 次（以氮肥为主），肥液先淡后浓。大葱的食用部分主要是葱白，培土软化是大葱优质高产的关键技术，经过培土软化以后，葱白品质好、粗壮、柔嫩、色泽洁白。开始培土的时期，依照不同栽培型而异，要求早上市的大葱，于葱苗定植后 1 个月左右就开始培土；晚熟栽培的大葱，要等植株充分长大后才开始培土。培土要分次进行，先后培土 3～4 次。

结合中耕进行培土，用铁锹取畦中土，逐渐填入葱沟中，培土的高度以培土至葱最下部功能叶的基部为止，如果培土过高会妨碍大葱的生长。经过多次培土以后，填平“葱沟”，逐渐变成高垄，并使葱株生长于高垄之上。葱白因此会变得长大、粗壮、洁白。

培土工作应该在阴天或者雨后进行，切忌在晴天烈日下进行，否则培土以后土壤干，妨碍葱的生长。

大葱易遭病虫危害，主要的病害有紫斑病、霜霉病等，虫害有蓟马、葱蛆（种蝇）等，应该早防治。

⑤ 采收及留种。秋作晚熟大葱，一般于第二年 6 月开始分批采收，每公顷产量 3 万～3.75 万千克。秋季严格选留种株，冬季定植，翌年春采种。采种圃应该严格隔离，防止杂交变异。

（2）小葱的栽培技术

小葱的品种多，不同品种栽培方法也有一些差异，此外，小葱商品生产需要能够周年供应，所以必须应用不同小葱品种，分期播种，才能分期上市。也就是说，作为商品生产的小葱栽培，应该是品种配套和栽培技术配套。以下以上海为例，简介小葱的栽培方法。

上海地区常应用白米葱（属于分葱类）进行周年生产和周年供应。

分期播种　分期播种可以做到周年供应，具体播期如下。

① 白米葱。春季于 3 月下旬至 5 月上旬，秋季于 8 月上旬至 9 月上旬，分批分株栽培，在适温下，栽植以后 2 个月左右可以采收。

② 寒兴葱。8 月上旬至 9 月上旬用鳞茎栽种，11 月下旬至翌年 3 月采收。

③ 葱子葱。春季可以从 3 月下旬至 6 月，秋季可以从 8 月中旬至 10 月分批播种，但是主要于 4 月上旬播种，6 月上旬定植，7 月下旬开始陆续采收，一直采收到翌年 3 月。

栽培方法

① 白米葱。按照上述时间分株栽种，行株距为 20 厘米见方，每穴栽 4 ~ 5 株。栽后数日内浇水 2 ~ 3 次，直至活棵。葱株生长期间要勤松土除草，追肥 3 ~ 4 次，干旱时浇水，并应防治蓟马、种蛆（葱蝇）等害虫。在适温下栽种后 2 个月左右可以采收。

白米葱的产量因种植季节不同而差异很大，以 8 月上旬到 9 月上旬栽种，第二年 3 ~ 5 月收获的产量最高。

② 寒兴葱。8 月上旬至 9 月上旬用鳞茎播种，行距 20 厘米，株距 6 厘米，每穴 1 株，田间管理参照白米葱，11 月下旬到翌年上旬采收。

③ 葱子葱。精细整地，土壤保持湿润，3 ~ 5 月或者 8 ~ 10 月撒播，每 60 平方米苗床播种 0.5 千克。播种以后浅耙地，稍加镇压，地面覆盖麦秆等，出苗时及时除去地面覆盖物。加强苗期管理，苗龄 2 个月左右、苗高 17 厘米左右时起苗定植。定植以前先将葱苗分级，选良苗定植，行距 20 厘米，株距 6 厘米，其余不用的苗可以上市。田间管理工作参照上述其他品种，7 月之后可以先后采收。

在中国南方无论城市还是乡村家庭中，小葱栽培都很普遍。在城市家庭中，人们常常利用天井或阳台等种一些小葱。在花盆中填入肥土，栽入 5 ~ 6 个分葱的老根，以后适当浇水，少量施肥，小葱会发棵旺盛，可以分次采摘供调味用。

盆栽小葱也可以用蛭石、泥炭作基质，浇施营养液，小葱的生长会更好。

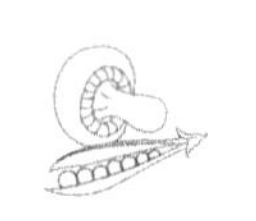

6. 保健功能及食用方法

葱含有丰富的营养物质，包括蛋白质、维生素及矿物质，尤其富含维生素C、钙和硒。每100克食用部分中，含蛋白质1.7克、维生素C 32毫克（含量与番茄中维生素C含量相同），钙和硒的含量特别高，分别为223毫克和0.83毫克。

葱是主要的香辛调料，香气浓，因为它含有挥发性硫化丙烯。葱根中所含大蒜素有抗氧化及杀菌的特性，能治疗便血，预防肠道、呼吸道感染，还可以治疗感冒，缓解肌肉疼痛。

根据现代医药学研究，食葱有降血脂、降低胆固醇、减少血栓、调节血糖、增加淋巴细胞与巨噬细胞活性、提高免疫力以及预防肿瘤等功效。

葱更是一味大有用处的中药材，它可以祛风、发汗、解毒，适用于风寒感冒的治疗。

葱也可以外用。唐朝王寿《外治秘要》载：将姜葱捣成泥状，用酒调匀，敷于小腹，加艾灸，可治便秘。宋朝王璆《是斋百一选方》载：金剑损折出血，疼痛不止者，将葱白、砂糖等量研碎，涂于伤处能快速止痛。

民间常以葱外用治疗方法有：将葱捣烂，与蜂蜜调和敷于下腹部，有通便效果；用葱叶煎汤洗患处，可祛湿与水肿；将葱叶捣烂绞汁，在夜间用盐水洗鼻腔后，以棉球蘸汁洗鼻孔内，左右交替，可治急性鼻炎；葱白与蒲公英、蜂蜜等份，捣如泥状，敷恶疮疔毒，有明显效果；温水泡脚后，削去鸡眼上厚皮，放入葱叶一段，贴上胶布，每12小时换1次，3天可除去鸡眼。

通常，小葱主要以绿叶供食用，大葱主要以假茎（葱白）供食用，而胡葱以鳞茎（葱头）腌渍后食用。葱的食用，可以制成葱段、葱青、葱白、葱节、葱花、葱泥、葱汁、葱油等。葱既可生食又可熟食，生食香气更浓，色彩也美一些。葱既宜于烧鱼类等荤菜，也宜于烧豆腐等素菜。葱可以去腥除膻，增香添色，用途很广。中国

人食品多样化，又讲究美食，所以葱也是中国人膳食中最主要的香辛调料蔬菜，它在中华料理名菜佳肴中发挥了出色的作用。

现在我国以葱为调料配料制成的家常名菜和点心已有很多，例如：小葱（凉拌）豆腐、小葱爆炒鸡蛋、葱油鸡、葱焖鲫鱼、葱花炒虾仁、大葱配酱卷麦饼、小葱千层饼、葱油面……在日常早餐中，每一碗豆浆或豆腐花都会撒上一撮小葱。在大众餐馆用膳时，捧着一碗热气腾腾的面条，上面撒一些小葱，翠绿鲜艳，既热又香，也可说是廉价美食。小葱在国外统称为香葱，用作香辛调料，一般用于沙拉、乳酪、做汤，或烧鱼类、肉类时的调料。

总而言之，葱是可以应用于多种菜肴等食品的美味调料。葱作为调料，还可以制成葱段、葱青、葱节、葱白等形状，因此会使菜肴成为色、香、味、形俱全的美食了。吃了带葱的美食更会使人感到精神轻松愉快。葱物虽小，调味等之功却不小。“葱，菜之伯也。”

著名的苏州葱油拌面

苏州的面食是全国闻名的，苏州面食种类多，其中之一是葱油拌面。要做好葱油拌面，有三个关键技术。

第一，葱油要熬得好，要使葱色泽焦黄，芳香扑鼻，又静静地浸于油液中。第二，调味酱油要将生抽、老抽组合，使调味汁丰富生动。第三，要善于拌面，掌握拌面关键，拌面时不能太均匀，应做到大半均匀，小半不匀，避免一碗面中调味拌得均匀一致，平铺直叙，缺少味觉变化；并且要使拌面的色、鲜、香有对比，有一些差异，有一些变化，在一碗面中，上下部分的口感和先后部分的口感，都应该有一些差异。喜欢吃鲜葱花的，可以在拌面上再撒一些青葱花，增加鲜活口感，更加畅快，舒服。

美味的葱烤河鲫鱼

笔者的父亲是一个做菜高手。他做的一道美食就是葱烤鲫鱼。

做这道菜的食材是：河鲫鱼1条，小葱一大把、姜少许，黄酒，生抽，少许糖、油。先将鲫鱼洗净，去掉鱼肚里的黑膜，晾干水分。起油锅，放入姜片爆香，鲫鱼煎至两面鱼皮变黄，盛出。锅内留少许油，放入大把的小葱，开中火，把小葱煎透、煎香。煎好的鲫鱼放在香葱上，再沿锅边倒入1勺黄酒，让酒精蒸发掉，加入老抽调色、生抽调味，倒入1碗清水，盖上锅盖。大火烧开后，中小火慢炖5分钟，收紧汤汁。最后，放入适量白糖调味，将鲫鱼装盘，葱盖在鱼上，锅里留汤汁，倒入1勺熟油，用锅铲翻动汤汁至汤汁浓稠，浇在鲫鱼上面。

这道菜色泽红亮，汤汁浓郁，鱼肉鲜嫩，葱香四溢，饱浸汤汁的小葱比鱼肉更能吸引人的食欲。

第二节　韭

古名：藿、山韭；别名：韭菜；俗名：起阳草、扁菜、长生菜等。

韭、葱和蒜都有强烈的香辛味，是我国人民从古至今爱食的主要蔬菜和香辛调味料，尤宜用于去除鱼类、肉类的腥膻味。

韭是中国特产的蔬菜，韭菜原产于中国，古名为藿。《尔雅·释草》：“藿，山韭。”据《说文》云：“藿（音‘育’），菜也。”

又云："韭，一种而久，故谓之韭。"根据20世纪60年代步行援藏人员说，在那时康藏公路上仍旧有成片的野韭菜，花茎上着生白色小花。

《夏·小正》载有"正月囿有韭"，可见中国大约在三千年以前已经在园中种韭菜了，那么我国食用韭菜的历史应该更早了。

《礼记·内则》载有"豚，春用韭，秋用蓼。"意思是吃猪肉块的时候，春天用韭菜作调料，秋天用蓼作调料。

可见古代吃肉时，不同季节应用不同种类的香辛调料。这大概是因为春天的韭菜味美质嫩，所以春天吃肉时用韭菜作调料。到了秋季，韭菜品质差，而蓼的香气很浓烈，所以秋天用蓼作为肉的调料。

我国远古时代十分重视韭菜，将韭菜作为祭祖的供品。《诗经·豳风·七月》载："四之日其蚤，献羔祭韭。"大意是春天天气稍暖以后，就用羊羔和韭菜去祖宗祠堂中祭祖。

直到汉朝，仍很重视韭菜生产，《汉书》载：龚遂为渤海太守，令口种一畦韭。意思是河北地区高官命令百姓每户种韭菜一畦。

《史记》载有"千畦姜韭，此其人皆与千户侯。"

汉朝已经应用简易温室栽培韭菜了，据《汉书》载："太官园种冬葱韭菜茹，覆以屋庑，昼夜蕴火，得温气乃生。"这是世界上应用温室栽培韭菜最早的记载了。

我国古代诗人爱食韭、种韭，并咏诗自乐。例如：唐杜甫有"夜雨剪春韭"之句；南朝梁代沈约"时韭日离离"；清朝郑板桥诗"春韭满园随意剪……"（古代采收韭菜时用剪不用刀割）。五代的官员则规定，十岁以上的男女，每人要种韭菜一畦，每畦的面积为阔一步，长十步。

（1）韭菜产品

韭菜可在不同季节采收供食，不同季节各有特色的韭菜产品。

春韭　春天（尤其是早春）采收的韭菜最鲜嫩味美，古人曾说：

“春初早韭、秋末晚菘”是最好吃的蔬菜。又说：“山中佳味，首称春初早韭。”古代的韭菜还有“春季第一美食”之誉，所以春天的韭菜是很适宜作为香辛调料的。

韭黄 又名韭芽，是我国韭菜的特色栽培（软化栽培）的产品。在夏季或冬季生产的韭黄更是时鲜珍品。

宋朝苏轼诗云：“渐觉东风料峭寒，青蒿黄韭试春盘。”南宋陆游诗云：“新津韭黄天下无，色如鹅黄三尺余。”韭黄不仅香嫩，色泽金黄，作为调料可使菜肴色香味俱全。

韭菜花（韭菜薹） 夏秋之际，花梗自韭菜叶丛中抽出，花梗上生白色小花，这就是韭菜花，或称韭菜薹（古代称韭菁），以嫩薹食用。俗语说“八月韭，佛开口”，这也是古人对韭菜花美味的评价。

韭菜花常常切碎腌渍后供食用，古人称为“韭菹”或“菁菹”。我国从远古时代就常常以韭菹供食或祭祖。《周礼·天官》载：“朝事之豆，其实韭菹。”（豆是古代的祭器，供盛祭品用。）所以这句话的意思就是：在祭器中，盛韭菹，作为供品。

又在《礼记》“信礼”“聘礼”“供食大夫”各篇中，都讲到“韭菹”，可见古代韭菹应用之广，尤其是用于高官们礼仪交往的场合，由此可见，古人非常欣赏韭菹了。

韭菜花除炒食以外，最常用是腌渍后食用，并且以此作为羊肉的特色香辛调料。典故杨少师一贴，使韭菜花占尽风光，流传至今。杨少师一帖是指五代大书法家杨凝式赞美韭菜花的典故。五代杨凝式，官少师少傅，午睡刚醒，肚子很饿，正好友人送来韭菜花（韭菹），杨少师用羊肉蘸食，味极美。杨少师立即提笔写帖，以示感谢。这就是闻名我国书坛的“韭花帖”，此帖真迹现仍存于北京博物馆。

宋朝百姓仍以韭菹为美食，张埴《寄题西昌严后山三教堂》诗云：“苍头卓午汗交面……烹葵菹韭炊香粳。”

现代北京吃涮羊肉仍离不开韭菜花，而且韭菜花还是回民同胞食谱中的一大特色。韭菜花的花期很短，一般只有一个星期左右，将开未开时于清早采摘。

要充分发挥韭菜花作为香辛调料的作用，应该尽可能选择适当的韭菜品种，还必须了解各种韭菜品种的特性。

中国韭菜的种类很多，而且还有野生韭，它们分布于辽宁、吉林等省及青藏高原地区，野韭叶可供食用。《北征录》载："北边云台戍地，多野韭沙葱，人皆采而食之。"

（2）韭菜类型

按照叶形不同，中国的韭菜可分为下述两大类，在每一类中又包括许多品种。

宽叶韭　为中国北部栽培韭菜的主要类型。叶片较宽，产量较高，且较耐寒，但其香气一般不如细叶韭。

宽叶韭的品种很多，例如：马蔺韭、菖蒲韭等。近代汉中韭栽培最广，汉中韭的叶片宽，产量高，从 1970 年以后在全国普遍推广。

细叶韭　我国南部栽培的韭菜，一般为细叶品种，叶片较狭、纤维较多、香气较浓、且耐高温，但产量低。例如上海以往栽培的"香韭"品质很好，香气很浓，但目前市场上已很少见了。

（3）栽培方法

韭菜性喜冷凉气候，生长适温 18 ~ 20℃，较耐寒，不耐高温，一般能耐 –5℃低温，但较耐旱，忌涝。

栽培型　韭菜有多种栽培型，按照产品区分，青韭栽培采收绿色叶供食，是韭菜的基本栽培型。软化栽培则是采收经过软化后的韭黄。按照是否应用保护设施，又可以分为露地栽培和保护地栽培；露地栽培是主要的，保护地栽培的设施一般为塑料大棚或小棚。过去也曾运用土温室栽培青韭或韭黄。保护地栽培可以延长（提早或后延）韭菜的供应期，并提高产量。韭菜栽培以露地青韭栽培为主。

栽培方法 以上海地区青韭栽培为例，栽培方法如下。

一般采用露地育苗栽培法，很少采用大田直播。韭菜可以春播或秋播，但以春播为主，4 月上旬撒播，每 100 平方米苗床播种量约 7 千克，可栽大田 5 000 平方米左右。做好苗期间苗除草、肥水管理等工作，当年 9 月上旬可以起苗定植。大田应多施基肥，平整土地。定植采用丛栽法，青韭栽培穴距 30 ~ 35 厘米见方，每穴栽 20 苗左右，栽培深度约 3 厘米。如果采用培土软化栽培法，行距应宽约 40 厘米，穴距 30 厘米，活棵以后，正值秋季适温，加强田间肥水管理等工作，这时期一般追肥 2 ~ 3 次，以培养根株，促进分蘖。二年生以后的韭菜，春季返青以后应该及时追肥，秋季仍应重施追肥。每年早春新叶萌发以前，应进行剔根和培土，用竹扦扒开韭菜根际土壤，稍行晾晒，并锄松穴间土壤，这样有利于韭菜根系发育，且可剔除地下种蝇（根蛆）危害，同时进行培土。

韭菜是多年生植物，它的新生鳞茎和根系有每年向地上生长的习性（俗称“跳根”），这样会使根茎裸露地面，故应培土，加厚土层，以防止“跳根”。一般在早春韭菜萌发以前，用肥土或河泥等培土，厚 4 ~ 5 厘米，以后生长期间须继续加强各项田间管理工作，包括防治地下害虫——韭蛆（种蝇），这样才能保持韭菜发棵兴旺，并可以多年采收及丰产。

新种下的韭菜以保养植株为宜，所以一般要到第三年以后才开始采收。

韭菜的采收技术不仅影响到产量，更影响到它的采收年限的长短，采收韭菜必须兼顾“养根”，防止植株衰老。一般以春季采收为宜，春季可先后采收 2 ~ 3 次，采收部位不能太低，以留茬 3 厘米为宜。采收次数太多、收割的部位太低，都会造成韭菜植株衰老。一茬韭菜可以采收的年限依照栽培管理技术而异，栽培管理不当，经过 5 ~ 6 年后，韭菜植株衰老，需要更新。栽培管理良好的韭菜，可连续采收长达 10 年以上。每次韭菜的采收量为每 1 000 平方米

700～1 000 千克。

韭菜软化是采收韭黄，一般应用培土、覆盖瓦盆、覆盖黑色塑料薄膜等方法。

韭黄采收的时期，一般是在冬季、早春或夏季。待韭黄可采收前进行培土软化，培土高 16～20 厘米，培土以后 7～10 天菜体已软化成金黄色，便可采收。

1949 年前，西安临潼县的菜农，利用华清池温泉余热水栽培早熟韭菜。

（4）保健功能及食用方法

韭菜富含维生素 C、维生素 B_1、维生素 B_2、维生素 B_3（烟酸）、维生素 A 等营养物质，还含有挥发性硫代丙烯，香辛味强烈。韭菜可促进食欲，有提高免疫力及杀菌消毒的作用。适量进食韭菜，对预防高血压、冠心病、高血脂等有一定的益处。此外，韭菜有较多的粗纤维可有效地预防便秘，但韭菜也不宜多食。

中医认为，韭菜味辛，性温，有温中行气，补虚益阳，散淤解毒之功效，它宜振奋阳性，更宜男性进食，民间又有“起阳草”之称，以及“男不离韭，女不离藕”的谚语。

韭菜的食用方法很多，正如上述古人食韭菹（酸菜），现代韭菜的食用，除了多种炒菜之外，更是饺子、馄饨馅儿的珍品。同时，韭菜薹腌制后，又是配羊肉的著名特色调料。

春季尝鲜，首推韭菜。韭菜炒肉丝、韭菜炒春笋，其他的以韭菜作为炒菜的菜肴还很多，例如：韭菜炒百叶、韭菜炒干丝、韭黄炒鸡蛋等，都是家常名菜。隆冬韭黄炒鸡蛋，为美食之一；春节不可缺少的点心——春卷的馅儿中，韭黄更是主要配料。

北方乡间常用凉拌青韭作调料。把韭菜洗净，切成小段，用盐稍腌一下，再加入麻油、味精等调料，拌匀后撒在大碗面上作为调料，简单易行。实际上这种青韭调料，是古人所用的韭菹，远古时代先人用于祭祀。

另一种是“复式”凉拌青韭调料，香气更浓，味更美。方法是先把青韭和芫荽（香菜）洗净，再将青韭用开水焯过，切成小段，芫荽切碎，加入麻油、盐、味精等调料品。粉丝稍煮一下，冷却后切成段。把青韭和芫荽等物充分拌匀以后，倒入粉丝中拌匀，就可食用。

另外，将韭黄洗净，切段，开水焯过后捞起，冷却以后，加酱油、醋及虾米拌食，也是食味爽美。在东南亚国家中，韭菜也普遍供作菜用。

第三节 薤

古名：薤（音“榭”）；别名：藠（音“叫”）子、藠头；俗名：荞头。

薤为百合科葱属植物，葱蒜类蔬菜之一。叶细长。丛生，高40厘米，绿色，稍带白色蜡粉。叶中空，横切面为三角形，与葱不同（葱为圆形）。鳞茎为纺锤形，白色，上部稍带紫色，俗名藠头或藠子。每株分蘖数目为5~6个，或10~15个，因品种不同而异。7~8月生花梗，花冠深蓝色，伞形花序，不易结子，用鳞茎繁殖。薤的嫩叶和鳞茎供食用。

我国远古书中已有关于薤及其作为菜用的记载。《尔雅 · 释草》据郑注云：“薤，菜也。”《说文》载：“薤，菜也，形似韭。”古书中已指出，薤是一种蔬菜，它的叶形很像韭菜。

我国古代很重视薤的食用，是古代主要的香辛调料之一。《礼记 · 内则》载：“脂用葱，膏用薤。”据郑注云：“凝者为脂，释者为膏。”这几句的意思是：古代吃肉时，肥肉用葱作调料，吃瘦肉则用薤作调料。由此可知，远古时代吃肉时，根据肉的油腻程度不同，

选用不同种类的香辛调料，薤的香辛味比葱淡一些，所以吃瘦肉时多用薤作调料。

《礼记·内则》又载："切葱若薤，实诸醯以柔之。"葱和薤都是我国远古时代主要的香辛调料。

《礼记·少仪》载："为君子择葱薤，则绝其本末。"意思是：宴请时，给贵宾吃的葱和薤，必须先把葱或薤的根系切去，把净菜献给贵宾，否则太不礼貌。由此更可见，华夏祖国自古以来为礼仪之邦，即使在一些小节上也强调礼貌，并以此严格教育百姓。

唐朝白居易《村居卧病三首》诗云："种薤三十畦，秋末欲堪刈，望黍作冬酒，留薤为春菜。"可见唐朝人很爱吃薤，并且主要用于春季供食用。

古代薤的栽培普遍，各地薤的俗名也多，如宅蒜、守宅等。《本草纲目》载薤的生长习性"二月开细花，紫白色，根如小蒜，一本数颗，相依而生。"

薤原产中国及东亚国家，在中国浙江、江苏山区有野生种。中国南部地区自古栽培薤，浙江、江西、湖南、贵州、广西壮族自治区等地栽培更广，且出口外销创汇。在日本、朝鲜等国也有薤的栽培。薤性喜冷凉湿润的气候条件，较耐弱光，可作果园间作物或者间作于蔬菜中（例如早秋萝卜等）。

薤一般于8月底至9月播种，忌连作。播种前选取饱满且外形正常的鳞茎，剪去其上所附的残叶，切短须根（仅留2厘米左右）。宜趁墒播种（雨后土壤湿润时播种）。整平地块，施入基肥，做成宽1.5～2米的高畦，再在畦中开播种浅沟，沟距（行距）20～25厘米，沟的方向与畦向垂直。播种时，将鳞茎按5厘米的株距插入播种沟的一侧，每穴播2～3个鳞茎。播种完毕后依次再播下一行，并将前一行开播种沟取出的土覆盖于下一行的播种沟上面，如此反复覆土平播种沟，但覆土后仍要使鳞茎的先端稍露出于土面。播种完毕以后，用稻草覆盖地面，保持土壤水分，大约经过10天后出

苗。生长期间还要中耕除草，同时稍培土平播种沟。

秋季及第二年早春是薤的生长盛期，应各施复合肥1次，并做好其他各项田间管理工作。翌年1～4月，可以采收薤叶和小鳞茎，5月下旬可以采收供腌渍用的鳞茎，一般每公顷产3万千克左右。

薤是一味中药材，称为“薤白”，有通阳散结，行气导滞的功效，主要用于胸痹病，相当于现代医学中的冠心病、心绞痛等一些心脏病。典型的中药方为东汉张仲景的栝蒌薤白汤，现代中成药血滞通胶囊的主要成分也是薤白。唐朝孙思邈指出，薤白“心病宜食之”，这是一句经典名言。一般认为，薤可促进食欲、助消化、解油腻、健脾开胃、散瘀止痛，还可用于治盗汗、止带、安胎。

现代客家人常吃薤，并说粗话“一个藠子三个屁，一碗藠子一场戏”，虽是粗话，也可见薤的“行气”效果了。

薤的嫩叶和鳞茎（藠头）都可以供炒食用，鳞茎一般供腌渍加工用（上海称为“荞头”），脆嫩可口，风味特殊；也可醋渍（味似糖醋大蒜），市场上有甜酸或蜜渍荞头等出售，南方人爱食。

第四节 蒜

古名：葫、蒚（音“力”，山蒜）；别名：大蒜、荤菜；俗名：蒜苗（蒜叶）、蒜头（蒜的鳞茎）、蒜薹（蒜的花梗）。

蒜是百合科葱属一二年生草本植物，原产中亚及中国，最早于古埃及和古希腊等地中海沿海岸地区栽培，开始时作为药用。

我国最早记载蒜的古书为《尔雅·释草》，载：“蒚，山蒜。”《诗义疏》云：“蒜之生于山者曰蒚。”《夏小正》云：“十有二月纳卵蒜。”卵蒜即今之独瓣蒜。由此可见，我国在远古时代只有小蒜（或称山

蒜）。根据20世纪60年代援藏人员的观察，在西藏高海拔地区有野蒜，为独瓣，很可能这种野蒜就是古代的“山蒜”。根据上述这些情况推断，中国是蒜的原产地之一。公元前113年，汉武帝命张骞出使西域，经过丝绸之路，张骞引进了大蒜、芫荽等蔬菜，从此中国才有了大蒜。

据崔豹古今注云：“蒜，卵蒜也，俗谓之小蒜，胡国有蒜，十许子共为一株，箨幕裹之，名为胡蒜，尤辛于小蒜，俗人亦呼之大蒜。”这一段的意思是：古代中国的蒜是卵蒜，俗名小蒜，在外国（胡国）有一种蒜，每个蒜头中有十瓣左右，有蒜皮包裹，称为胡蒜，俗名大蒜。《农政全书》也载：“按初中国只有小蒜，一名泽蒜，余唯山蒜、石蒜，自张骞使西域得大蒜种，归种之。”蒜有大小之异，大曰“胡”，即今大蒜也，其他的为山蒜、石蒜。自从张骞出使西域以后，引进大蒜栽培。由此可见，大蒜来自西域，所以古称为“葫”。（古代称外国为“胡”，“葫”字表示外国引进的大蒜。）

大蒜引进中国以后，开始是在陕西及附近地区栽培。由于蒜适于我国的气候条件，其用途广，栽培技术又较易掌握，所以在我国生产发展很快。

据《尔雅·正义》载：“黄帝登蒿山，遭莸芋草毒将死，得蒜啮之乃解，遂收植之，能杀腥膻虫鱼之毒摄诸腥膻。”这一段的意思是：黄帝登蒿山，遇到莸芋草毒，生病将死了。幸亏吃了大蒜，居然痊愈。此后，有皇帝下命令发展蒜的生产，因为可以利用蒜去除腥膻，防治病害。

从此蒜在我国被加以推广，并且在各地培育成多种蒜的品种。这样就使蒜成为我国自古至今的主要蔬菜和香辛调料。在我国北部，蒜的栽培和食用更广。蒜的叶、薹、鳞茎（蒜头）都具有强烈的辛辣味，非常适于作为香辛调料；然而要能够充分发挥蒜的调料作用，还必须选用优良品种，并掌握关键栽培技术。

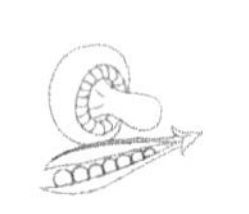

（1）我国蒜的品种

按照蒜皮颜色不同，我国的蒜可以分为下列两大类。

白皮蒜 蒜皮为白色，蒜头较大，蒜头中的蒜瓣数量较多，为7～9瓣，甚至10瓣以上。成熟期较晚，产量较高，但是蒜辣味较淡，适于腌渍，或作为青蒜、蒜黄栽培用。例如：山东苍山蒜、上海嘉定白皮蒜等。

紫皮蒜 蒜皮淡紫红色，蒜头较小，每个蒜头一般为4～8瓣。成熟期较早，产量较低，但是蒜辣味浓，品质较好。例如：陕西蔡家坡蒜、山东嘉祥蒜。

此外，还有一种黑蒜（黑大蒜），又名发酵大蒜，是蒜的加工制品，蒜头小型或为独瓣蒜。黑蒜是应用新鲜完整的生蒜，置于发酵箱中发酵60～90天制成的食品，表皮黑褐色，山东、江苏、安徽等省生产。目前市场上已有商品出售，有些西餐厅中则称之为“日本黑蒜”。

（2）栽培类型

以上海地区为例，蒜的栽培型分为蒜头（包括蒜薹）栽培和青蒜（蒜苗）栽培两种类型。蒜喜冷凉气候，生育适温18～20℃，温度适应范围为-5～30℃，性喜湿润，忌干旱，耐肥。以富含腐殖质、肥沃疏松的壤土或沙壤土为宜，宜酸性至微酸性土（pH 5.5～6.6），田间排水必须良好。

蒜忌连作，否则生长弱，多病害，它的前作可以是三年以上没有种过葱蒜类蔬菜的菜园地，或种过瓜类、豆类、土豆等菜地。

青蒜（蒜苗）栽培 以秋季播种为主，8月下旬至9月上旬播种，播种以前须将种蒜瓣按大小分级，分开播种。为了提早青蒜的上市期，应该先打破蒜的休眠期。方法是：将种蒜瓣放在10～15℃冷库中，以低温处理15～20天以后播种；也可以将种蒜瓣用井水淘洗以后，再将其吊于井中水面上，处于17℃左右的低温下，经过15～20天以后播种。

秋冬季青蒜栽培，宜用嘉定白蒜品种；早秋青蒜栽培，则常用紫皮蒜品种。播种时采用“满天星”播种方法，即将种蒜瓣密集排放在精细整理的地面上，土壤湿润，每 1 000 平方米苗床中，播种蒜瓣 450 ~ 600 千克。将蒜瓣朝上插入疏松的土中，播种完毕以后，地面覆盖麦秆或湿草包，保持土壤水分，出苗后要及时除去地面覆盖物。随着蒜苗的生长，要及时除草、浇水、追肥。10 月下旬到第二年 3 月，可以分次采收青蒜，每 1 000 平方米青蒜产量为 2 200 ~ 3 000 千克。

蒜头栽培 播种以前精选种蒜瓣，每一个种蒜瓣的重量应为 6 克以上。播种期 9 月下旬至 10 月上旬，播种前 3 ~ 5 天剥开种蒜瓣。

精细整地，施足基肥，作畦。畦宽（连沟）2.2 米，每畦播蒜 6 行，行距 25 厘米，株距 6 ~ 8 厘米。播种后保持土壤湿润，一般经过 10 ~ 15 天出苗，蒜的苗期较长，应该加强苗期田间管理和中耕除草等。11 月下旬至 12 月上旬追肥 1 次，在越冬以前地面再覆盖堆肥，第二年春天分期追肥。

上海地区的蒜易感染花叶病毒病，故应用脱毒大蒜作种蒜。上海地区大蒜的主要虫害是咖啡豆象，可在仓库中应用氯化苦熏蒸防治，其他地区蒜易遭蒜蛆危害，应早防治。

一般在 4 月底至 5 月初，开始采收蒜薹，采收适期是蒜薹弯曲呈钩状，并由绿色转为白色。每 1 000 平方米蒜薹的产量为 250 ~ 350 千克。5 月下旬至 6 月上旬采收蒜头，采收适期是植株基部的叶片大部分干枯，上部的叶片也渐干。每 1 000 平方米干蒜头的产量为 400 ~ 600 千克。为了提高蒜的产量和品质，必须掌握如下栽培技术关键。

第一，适时播种。根据不同地区气候条件，一般在 9 ~ 10 月播种，5 ~ 6 月采收。华北地区有农谚：“种蒜不出九，出九长独头。”所以华北地区蒜的播种期不能晚于 9 月，如果过了 9 月才播种，只

能长成小的独瓣蒜。关于蒜的播种适期，江南地区的农谚则是："端午不下地，重阳不在家。"

第二，加强田间管理工作。

第三，适时采收。蒜的采收是先抽蒜薹，以后再收蒜头。待大部分蒜薹开始弯曲，花苞下部颜色变淡时，这是蒜薹采收适期。蒜薹采收以后 20 天左右大部分蒜叶已枯黄时，应及时采收蒜头。采收以后的蒜头，又要经过长时间的贮藏。贮存期可长达 1 年，期间可陆续供应市场（包括腌渍加工等）。蒜头经长期贮藏以后会干缩或发芽，严重降低蒜的品质，所以须严格掌握蒜头的贮藏技术（包括控制贮藏室内的温湿度等）。现代应用某些物理或化学技术，可以有效地抑制贮藏期间蒜的发芽。经过这些处理后的蒜头可完全不发芽，蒜头外观饱满、品质鲜嫩，但是蒜味变淡。

至于蒜薹的口味和品质，依品种不同差异明显，紫皮蒜的蒜薹香味较浓，白皮蒜的蒜薹颜色和口味都较淡。近期市场上还可以看到另一种蒜薹，薹形粗壮鲜嫩，但是颜色和香味都较淡，这是被称为"洋大蒜"的蒜薹，即韭葱的蒜薹。韭葱能开花结子，韭葱的蒜薹粗壮外观美，但颜色和蒜味都淡。韭葱栽培是用种子播种，播种也不费工。蒜的生产是用蒜瓣播种，很费人工。所以种蒜的种蒜成本及播种劳力成本都较高。由于上述原因，近期韭葱在蒜薹生产及市场销售上占有优势。

蒜的另一种产品是蒜黄，这是采用软化栽培法，即在遮蔽日光的条件下，使青蒜苗变成叶柔软，变成色金黄的蒜黄。蔬菜软化栽培的方法很多，如我国古代用地窖生产蒜黄。

（3）保健功能及食用方法

在蒜中含有多种营养物质，包括蛋白质、碳水化合物、维生素及矿物质等。每 100 克蒜叶中含蛋白质 2.7 克，碳水化合物 2.2 克，维生素 A 2.97 毫克，钙、磷、铁分别为：45 毫克、54 毫克和 137 毫克。但是蒜的鳞茎（蒜头）和蒜叶所含的养分是有差异的。

蒜中又含有大蒜素，为挥发性硫化物，所以有浓烈的辛辣味，可促进食欲、抑菌或杀菌。

现代医学研究指出，食大蒜可降血脂、降低心血管和冠心病的发病率，又可预防胃癌和食道癌的发生。

大蒜可防治哮喘病，用蒜 2～4 瓣，捣泥状装入瓶中，开瓶闻大蒜气，每天 3～5 次，蒜泥每天要换，连续应用 3～4 天。

民间还有用蒜敷脚心，治咳嗽。取优质蒜头切成薄片，每晚睡前洗净脚后，把蒜薄片敷于脚底心（涌泉穴），再用医用胶布贴住，对防治咳嗽、流鼻血及便秘都有一定效果，连续敷施 1～10 天，效果会更好，但蒜泥外敷忌过量。

魏晋名医陶弘景《名医别录》中记载：蒜有散肿、祛风邪等疗效。中医认为，蒜性温，味辛，行滞气，通五脏，达诸窍，驱寒湿暑气，解毒消肿，除虫，消谷食积。

此外，蒜辣素能刺激胃液分泌，促进食欲助消化。但食蒜应适量，不能过量食用，蒜不宜与蜂蜜或滋补药同食。

蒜以蒜苗、蒜薹、蒜头供食用，是主要的家庭厨房调料蔬菜，所以葱、姜、蒜常被称为“厨房三宝”，常常用于肉类和鱼类的烹调，可以去除腥膻，增加香味。我国北方人尤其喜食蒜，前人认为饭前吃蒜可以防寒，腹痛时与饭同煮食，可治愈腹痛。此外，每天吃少量的蒜，有清血健胃消食，预防传染病等功效。吃蒜会口臭，只要口中含几片茶叶或生花生米即可除去口腔中的异味。

蒜苗和蒜薹以鲜食为主，主供炒食或拌食，常用的蒜薹菜肴有蒜薹回锅肉、蒜薹咸肉丝和蒜薹炒肚条等。蒜薹也可以腌渍或醋泡后食用。

蒜头是重要的香辛调料，在人民生活中不可缺少，也是中华料理中极为重要的调料味。蒜头常常切碎成蒜泥（蒜茸），供作各类菜肴或饺子等的蘸料，蒜片也可作为各种菜肴的调料。蒜头也常用于腌渍、醋制等加工后供食，也可制成蒜油。

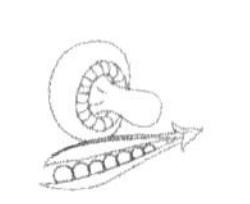

人们在烧肉时，常常加些大蒜，这样不仅味美，且有利于提高菜肴的营养。因为在瘦肉中含有较多的维生素B，但是在人体内很不稳定，而在蒜中含有蒜氨酸等，如果在烧肉时加入一些蒜，能够延长维生素B_1在人体内停留的时间，这样有利于人体内血液的循环，还能尽快消除人体的疲劳。但必须注意，身体虚弱，有眼疾、肝病或便秘的人不宜吃蒜。

蒜在国外（主要是东南亚国家）也常常作为香辛调料用于多种菜肴。

黑蒜又名发酵大蒜，黑蒜既可直接食用，即剥皮后即吃，独头黑蒜1天一般2～4头，多瓣黑蒜1天1头左右；也可用于煲汤炖菜、拼盘沙拉和作为烹调原料食用。

黑蒜柠檬焖排骨

材料：排骨、黑蒜、柠檬、干贝素、白糖、生抽。

制法：把黑蒜切片与柠檬丝放入碗中，加入少量白糖、干贝素、生抽与沙拉油，拌匀成腌料。排骨洗净，加入腌料，再挤入半个柠檬汁；将排骨与腌料拌匀，腌制至少2小时；锅中抹一层油烧热，放入排骨，煎至两面变色，然后加入腌制排骨的腌料，加锅盖焖至排骨熟。

黑白蒜配

材料：黑蒜、大蒜头、辣椒、盐、白糖。

制法：黑蒜切碎，大蒜头及辣椒切碎，加盐，腌制5分钟，拌匀后加点醋；将黑蒜末倒入白蒜中，拌匀，撒点葱花即成。

十彩鸡丁

材料：鸡脯肉、黑蒜、红甜椒、芹菜、青豆、圣女果脯、火龙果、香梨、绿蜜宝瓜、金蜜瓜、淀粉、紫甘蓝。

制法：锅烧热加食用油，加入鸡丁翻炒；加入红甜椒快速翻炒均匀；放入青豆与芹菜，快速翻炒均匀，再加少量盐，放入所有水果丁，快速翻炒均匀，最后加入黑蒜翻炒均匀出锅。

黑蒜红烧肉焖土豆

材料：猪肉、黑蒜、胡椒、花椒、干辣椒、土豆、胡萝卜。

制法：把锅烧热，倒入少量油烧热，再倒入配料，然后把猪肉倒入，翻炒至变色加入少量水；把锅烧热，倒入适量油，再把土豆、胡萝卜和黑蒜倒入，一起翻炒；加入炒过的肉，一同翻炒，加适量生抽和盐，翻炒 3 ~ 5 分钟后关火。

黑蒜山药泥

材料：黑蒜、山药、盐、橄榄油。

制法：山药洗净，入锅蒸至绵软；黑蒜切碎，放在小碗里，加些橄榄油；混合橄榄油的黑蒜分开成小粒；蒸好的山药去皮，放少量盐以后碾成山药泥，放入处理过的黑蒜粒，混合均匀，团成小球。

黑蒜煎澳带

材料：鲜澳带 10 个，黑蒜（独头）4 个，干葱末、葱花、彩辣椒末各适量，烧汁，白兰地酒、黄油各适量。

制法：澳带理净备用，将黄油放入不粘锅中烧热，放入

澳带并加热至色泽金黄，外焦里嫩，再放入黑蒜煎出香味；依次放入干葱末、彩椒末、葱花，烹入白兰地酒、烧汁，烧至入味装盘即可。在本菜肴中，加入黑蒜可以发挥提香添味的作用。

（注：澳带是一种国外常供食的时鲜海产品，具有高蛋白、低脂肪和易消化的特点。）

第五节 韭葱

俗名：扁叶葱（北京）、洋大蒜（上海）、洋蒜苗（四川）。

韭葱能产生粗壮的假茎（葱白），可供食用，因其叶扁平，似韭，且假茎洁白似葱，故名。韭葱原产地中海沿海，在古希腊和古罗马时代，欧洲已有韭葱，中国上海郊区于19世纪70年代开始引种韭葱。现在北京、上海、四川、广西等地有小规模韭葱栽培。

韭葱为百合科二年生草本植物，茎短缩成鳞茎盘。叶互生，披针形，扁平，较阔，叶面被蜡粉。由多层叶鞘抱合成假茎（葱白），白色，质地柔软，有特殊的芳香。花茎长且粗，长达80厘米，基部直径1厘米，横切面圆形，实心，似蒜薹。花簇顶生，伞形花序，外被总苞，有小花300～800朵，花淡紫色，种子黑色有棱。

（1）欧洲主要栽培韭葱品种

Ge'ant de verriers，是法国品种，叶细长，灰绿色，葱白肥大，洁白，耐寒，冬季在法国巴黎越冬。

Very long winter，叶细长，灰绿色，葱白细长，直径约3厘米，长约30厘米，耐寒，能露地越冬。

Lundon flag（伦敦宽叶），为英国品种，叶阔而柔软，葱白粗大，直径约 3 厘米，长约 25 厘米，早熟，丰产，品质好，但耐寒力弱。

Large Ruen，叶暗绿色而有白粉，先端下垂，葱白短，长仅 20 厘米，耐寒，可于冬季采收。

现代亚洲地区栽培的韭葱品种主要是伦敦宽叶和美国鸢尾。

韭葱喜温和气候，生长适温 15 ~ 25℃，耐寒，也较耐高温，能耐 38℃左右的高温及 -10℃低温。幼苗在 5 ~ 8℃下通过春化阶段，并分化花芽。18 ~ 20℃时抽生花茎，为长日照植物。宜肥沃、疏松、排水良好的土壤栽培。因其根系吸收力弱，不耐干旱，也不耐雨涝，故需肥量大。

（2）上海地区韭葱栽培方法

韭葱栽培应多施基肥，整地做成宽约 2.8 米（连沟）的高畦。3 月上旬于露地苗床中播种育苗，每 100 平方米苗床的播种量为 150 ~ 220 克，所育成的苗可栽大田 1 000 平方米左右。

5 月下旬至 6 月上旬苗高 30 厘米左右时定植，行距 30 厘米，株距 15 厘米。活株以后追肥，生长前期勤中耕、除草。梅雨期间是韭葱的生育适期，6 月下旬追施重肥，以促进植株生长，8 月及 9 月各施重肥 1 次，以促进葱白（假茎）肥大，又应防止田间干旱雨涝。

为了能收获粗壮的假茎，于 10 月初进行培土，取畦沟中土培于韭葱根基，培土至最下部叶的基部。韭葱可以采收到第二年春，所以在 12 月应施冬肥，第二年 2 月施春肥，促返青。

当年 11 月可割收韭葱叶上市，但不收假茎，每 1 000 平方米叶的产量为 220 千克左右。第二年 3 月下旬至 4 月上旬采收假茎，每 1 000 平方米产量为 3 700 千克左右。

选假茎粗的优良韭葱植株供作留种，越冬前定植，行距 50 厘米，株距 20 厘米，4 月上旬抽薹，5 月下旬开花，7 月下旬种子成熟。

韭葱的花茎粗壮肥大，似大蒜薹，近期以韭葱供作蒜薹栽培的颇多，市场上称为“洋蒜薹”，这种洋蒜薹外观虽然粗壮洁白，但蒜味淡，品质较差。不过韭葱是用种子繁殖，蒜薹生产成本较大，韭葱明显降低，经济效益高，所以近期国内洋蒜薹的生产越来越多了。

（3）营养及食用方法

韭葱含有较多的维生素 C 等营养物质，每 100 克食用部分含蛋白质 2.2 克、碳水化合物 12 克、维生素 C 17 毫克、钙 52 毫克、磷 50 毫克（引自美国资料）。

韭葱的幼苗、叶、假茎（葱白）及花茎都可供作食用，可作汤或炒食。韭葱的葱白质嫩芳香，多用作蔬菜加工制罐头时的调料，花茎也可供腌制。

第六节 芥

别名：芥菜。

芥是我国历史比较久的蔬菜和调料之一。《广群芳谱》载：“芥，其气味辛辣，有介然之意，所以称为芥。”这句话可以理解为，吃了芥菜以后，会使人清爽，有刺激兴奋感，所以称为芥。我国许多古籍中载有芥，说明古人很重视芥。中国芥菜的类型和品种很多，必须先了解这些类型和品种。

（1）中国芥菜的类型

子芥菜 别名为辣芥、辣菜，其种子特别辛辣。

叶用芥 品种很多，有大叶芥，别名为春菜，此外还有雪里蕻、弥陀芥（瘤芥菜）等。

茎用芥 例如四川的榨菜。

根用芥 北方俗称芥疙瘩，南方俗称大头菜，其他还有芽用芥、薹用芥。芥类蔬菜中以叶用芥、茎用芥和根用芥最重要。

（2）营养及食用方法

我国最原始的芥菜是子芥菜，古代取其子研汁，称为芥辣、芥酱（或芥末），在《四民月令》（公元166年）中有关于种芥、收芥子的记载，这种方法一直延续到清朝。江南《青浦县志》（1879年）载："采芥子研为膏，谓之芥酱。"

芥酱、芥辣是我国远古时代主要的香辛调料。《礼记·内则》（公元前475～前221年）载："鱼脍芥酱。"意思是吃生鱼片时用芥辣作为调味料，可以祛除腥味，增加鱼的美味。

《礼记·内则》又载："脍，春用葱、秋用芥。"原文注云："芥，以味辛为芥……秋万物方成，宜食性之芥者。"意思是芥的味辛辣，所以称为芥……秋天气温高，许多农作物已经成熟，所以秋天宜吃有芥辣味的食物。上述《礼记》所述的意思是：春天吃肉丝时，用葱作为调料，但秋天吃肉丝时，因为气温高，应该用芥辣作为调料。

芥菜类蔬菜中含有较多的膳食纤维，可以助消化。芥所含的营养成分丰富，尤其是维生素C的含量较高，约为番茄维生素C含量的2倍多，有一些芥菜品种（如雪里蕻）维生素A、维生素C的含量尤其高。芥菜中也富含钙、磷等矿物质。

芥菜类蔬菜含有硫代葡萄糖甙，经水解以后产生有挥发性的芥子油，芥辣味重，不宜鲜食。所以多种芥菜品种，主要于腌制加工后食用，并且成为中国主要的腌制加工蔬菜产品。

芥菜类蔬菜经过腌制加工以后，质地脆嫩，香气四溢，食味鲜美，更胜于其鲜菜，所以它的名产品享有"陈年玉酒，十里闻香"的美誉。

现代我国各地有许多芥菜类蔬菜腌制加工名特产品，例如四川的榨菜，浙江的雪里蕻（简称雪菜）、梅干菜、倒笃菜，江南的大头菜、五香大头菜，山西等华北地区的芥疙瘩，广东潮州的咸菜，福建的腌菜、糟菜，云南昆明的大头菜，贵州独山的盐酸菜。我国的榨菜、大头菜等加工名特产品，畅销国际市场，同时也是广大居民日常生活中必需的食品。

芥可供药用，魏晋时代（公元200～420年）《名医别录》载："芥，味辛，温，无毒。归鼻。主除肾邪气，利九窍，明耳目，安中。久服温中。芥子温中散寒，通络止痛，芥叶宣肺祛痰、止咳消痰滞。"我国芥菜古今食用方法很多，古代芥菜食用方法如下。

魏晋时代名医陶弘景曰："芥味辣，可生食。"《本草图经》载："有青芥似菘而味极辣，……作齑最美。"（齑是捣碎的蔬菜，似蒜、姜等捣碎的芥，古代称为芥菹。）《本草纲目》（公元1570年）载："芥心嫩薹谓之芥蓝，瀹食脆美。"（瀹，煮。）上述两句的意思是：青芥的味辣，最好是捣碎成酱状稍腌渍后作为调料食用；芥心嫩薹（芥蓝）最好是煮食，味脆美。

清朝袁枚《隋园食单》记载了芥菜的几种腌制食用方法。

冬芥（雪里蕻）：一种方法是整腌，以淡为佳；另一种方法是取心风干斩碎，腌入瓶中，熟后杂鱼羹中极鲜；或用醋煨，入锅中作辣菜亦可，煮鳗煮鲫鱼最佳。

春芥：取菜心风干，斩碎，腌熟入瓶，号称"挪菜"。

菜头（大头菜、芥疙瘩）：芥根切片入菜同腌，食之甚脆，或整腌，晒干作脯，食之尤妙。

现代芥菜品种多，食用方法也多，大致可分为鲜食和腌制加工后食用两种。

第一种，少数芥菜品种供作鲜食，大叶芥一般炒食，江南地区的弥陀芥煮食，金丝芥和银丝芥常常凉拌供食。方法是：将菜洗净，切段，用开水焯过，冷却后加入糖、醋等调料食用。金丝芥、银丝芥尤宜稍腌以后，煮清汤或鱼汤。近代北方居民仍将子芥菜叶，用开水焯过以后凉拌食用。

弥陀芥、金丝芥、银丝芥是江南地区芥菜类的名特产。弥陀芥（瘤芥菜）的株型奇特，叶柄基部扭曲膨大成疙瘩状（半球形状），俗称“弥陀”。疙瘩部分多肉质，柔软，略似四川的榨菜头，为主要的食用部分。弥陀芥通常用于煮食，稍加些醋，再加盐、麻油后供食。食味香、鲜、糯，堪称叶菜类之珍品，也可认为是中国稀有的特色美食蔬菜珍品。惜其供应期仅限于早春，且产区也限于上海邻近地区。弥陀芥等特色芥菜类很有发展前途，也有待加强研究和开发利用。

第二种，芥菜类腌制加工制品的食用，具体如下。

榨菜，可作为菜肴的配料，在多种荤、素菜肴中都可以加入一些，作为配料，使食味鲜美爽口，略有辣味，食后令人振作。榨菜炒肉丝是著名的家常菜，一些高档名菜肴中，也常常用榨菜作为配料。也可做汤，家庭常用榨菜肉丝汤、榨菜粉丝汤。还可作为面点的调味料，面条、馄饨、豆浆等多种点心中，榨菜是不可缺少的美食调料。榨菜又是大众化早餐（粥食）中美味又方便的小菜。故榨菜的风味独特、鲜美，闻名中外，是用途广泛的优质调料，既适合家常用，又为高档菜肴中不可缺少的配料。

雪菜，具有江南乡土风味，口味略咸，但极鲜美，清香爽口，色泽翠绿悦目，是许多江南名菜肴的配料。例如，雪菜炒肉丝、雪菜炒笋丝、雪菜烧豆腐等，雪菜烧黄鱼更是久享美誉的江南传统美味菜肴。雪菜豆瓣汤虽是廉价汤类，但却闻名于江南，甚至用于宴请国宾。叶剑英元帅曾经在苏州以雪菜豆瓣汤等宴请柬埔寨西哈努克亲王，贵宾食后赞不绝口，中国菜肴名不虚传。雪菜切碎，加香油，早晨佐泡饭，味美。雪菜又是面条中常用的调味料，杭州著名的汤面片儿串，就是用肉片、笋片和雪菜做成的大

众化美味汤面。

梅干菜是芥菜类腌制品，再经过干制而成，食味较雪菜淡，色泽稍呈黄褐色，但香气极浓，有利于促进消化。梅干菜烧肉也是著名的家常菜肴。倒笃菜是雪菜的衍生物，味较淡，且微酸，更能促进食欲。五香大头菜则常常作为炒肉丝的配料，具有特色浓醇风味。大头菜切成丝后可作为面条的调料，或者拌以麻油，是家常早餐常用的小菜拼盘。

总之，芥菜类蔬菜的腌制加工产品，品种多样，各具乡土风味特色，口味鲜美，质地脆嫩，清香诱人，是中国菜肴面点等食品重要的调味料或配料，它们也贡献于中华料理，使之成为闻名国际的美食。

市场上出售的“云南大头菜”是加工腌制品，其原材料不是根用芥类（芥疙瘩），而是芜菁甘蓝，俗称“洋大头菜”。“云南大头菜”是全国闻名的酱菜，黑色、大块、质坚硬、味较咸，可以单独炒食，切成丝后和肉类炒食则味更美。

第七节　姜

别名：生姜；俗名：老姜。

姜是姜科姜属的多年生宿根植物，地下部根茎肥大，多肉质，是供食用的姜块，有刺激性的香辛味。姜是我国从远古就食用的重要香辛调味料，也是我国历史悠久的蔬菜之一。《论语》载“不撤姜食”，可见至圣孔夫子很重视姜；《说文》载“姜御湿之菜也”，

古人已经指出姜的保健作用；在《千字文》中载“果珍李柰，菜重芥姜”，其意为在果类中柰和李是重要的，在蔬菜中芥和姜是重要的。

我国古代姜主要用于烧肉类或鱼类，以去除膻腥味。《礼记·内则》（公元前471～前221年）载“楂梨姜桂”“为熬，捶之，去其皽编萑，布牛肉焉，屑桂与姜，以洒诸上而盐之。”

以往认为姜原产地是印度和马来西亚一带，但是根据上文所述，我国远古时代已经广泛食用姜，并且载于多种古书中，根据这些事实可以指出，中国应该是姜的原产地之一。

远古时代初期，中国的姜都是野生的，至周朝开始有少数人工栽培或者是人工加以保护的；到秦汉时代，姜已普遍栽培。在《吕氏春秋》《史记》中都记载了姜的栽培，北魏《齐民要术》也有记载。

我国汉朝也很重视姜，《史记》载：“千畦姜韭，此其人与千户侯等。”意思是：如果能种一千畦的姜和韭，那么这个人的富裕可以和高官（千户侯）相同了。

唐朝时期姜曾被应用于唐太宗所设御宴中。据古籍记载，唐僧师徒从西天取经返朝，唐太宗亲临东阁设宴接待，当然全是素食名菜，其中有一道菜是姜辣野笋，也就是用生姜烧的辣味笋。

宋朝几位著名文豪，朱熹、王安石、苏轼都重视姜，爱吃姜。王安石曾言姜能御百邪。南宋著名诗人陆游很讲究蔬菜的烹调技术，他在烧荠菜时特别强调放入姜和桂皮，以调味及振发精神。并认为这是他烧荠菜美味的“秘诀”。陆游《食荠》诗云：“……微加姜桂发精神。风炉歙钵穷家活，妙诀何曾肯授人。”

近代姜除了供作香辛调料食用以外，更可以加工制成干姜、糖姜、酱姜等食品，姜更是医药的良材。现在中国姜的栽培地区很广，北起山东、河北诸省，南至广东、台湾、湖南、四川等地。

（1）品种较多

中国姜的品种多，其中著名的优良品种有如下几种。

山东莱芜片姜 姜块大，每块重可达 350 ~ 500 克，黄皮黄肉，辛辣味强，品质好，产量高。

广东疏轮大肉姜 姜块淡黄色，辛辣味较淡，品质好，产量较高，但是抗病力较差。

广东密轮细肉姜 嫩芽紫红色，纤维较多，香辣味较淡，较抗病。

现在市场上商品姜中，广东“南姜”较为著名，南姜产于广东东部，品质好，它的特点是香辣味后发力强，是肉类加工的优良配料。另外有“广东沙姜”，产于广东西部，它的特点是具有刺激性的香辣味。

浙江黄瓜姜 浙江平湖产，姜块淡黄色，节间短且密，芽带红色，香辣味强，品质好。

盆姜 为日本传统姜的著名品种，姜块较小，淡红褐色，含水分少，最宜作为制作干姜的原材料。

（2）栽培方法

姜喜温暖湿润气候，不耐霜，16 ~ 17℃时开始发芽，发芽适温为 22 ~ 25℃，生育适温 25 ~ 32℃。性喜阴，不耐强光，耐寒力弱，嫩姜时期喜阴湿；但老姜时期，需光照充足且干燥气候。对土壤要求不严格，但适宜土层深厚、肥沃的土壤，及排水良好的地块，切记连作。以下为江南地区姜的栽培技术。

选择多年未种姜的土地，平整土地，施入基肥，整地筑成高畦，畦宽（连沟）1.3 米。

种姜 选择健壮的姜块，用整块姜播种，也可以将姜切成 2 ~ 3 块（每一块上有 1 ~ 2 个壮姜）后播种。

如果于 4 月初播种，宜先行加温（22 ~ 25℃）催芽，约经过 20 天，待姜有微芽（芽长 5 毫米）时，用带芽的姜块播种。先在高畦中顺畦纵向开 3 条浅沟，每个畦中播姜 3 行，株距 30 厘米，播种深度 5 厘米。每 1 000 平方米播种量为 350 千克左右。

姜出苗很慢，5月下旬至6月上旬才开始出苗，再过20天左右苗才能出齐。为了提早出苗，最好于播种后在地面覆盖地膜保温，或者用塑料小棚覆盖保温育苗。

田间管理 姜的苗期生长虽然很慢，但是成株以后姜的枝叶及根茎（姜块）的生长却很快，江南地区8～9月是姜的枝叶及姜块的生长盛期。要使姜栽培成功，获得高产量，必须掌握下述技术关键。早出苗、早发棵，在此基础上，达到姜枝多、姜枝粗，姜枝（干）硬，才能生成多数肥大的姜块。因此，必须认真及时做好姜栽培的田间管理工作。

出苗以后浅中耕松土1～2次。姜性喜阴，6月中旬到9月上旬田间应该搭遮阳棚，保持田间呈微阴状态，有利于姜的发棵旺盛。7月上旬以后，铲沟中土在姜株基部培土，培土高度约8厘米，有利于姜块的肥大。7～9月是姜生长盛期，应保持畦沟中经常有浅水，但是雨水过多时，则应及时做好田间排水工作。从6月上旬到9月上旬，需追肥3次。每次1 000平方米地追施硫铵40千克。

姜的主要病害是姜腐病，必须严格预防，选用土地切忌连作，应用抗病品种，避免田间过分潮湿等，一旦发现病株，要及时清除病株，并喷施波尔多液等。6～7月姜因易遭玉米螟危害，要及时喷施杀灭菊酯等农药治虫。

采收 9～10月可以采收嫩姜供加工制酱采用，但是一般以采收老姜为主。采收老姜的时期不能太早，要等下过一两次轻霜以后，即11月中、下旬，姜的地上部分开始枯黄以后，选择晴天及时采收，才能有利于姜的贮藏。

留种 留种的姜田，生长后期应该控制肥水，少施氮肥，多施磷、钾肥。

贮藏 姜的贮藏工作十分重要，大量的姜一般入地窖贮藏，窖内控制较高的温度与湿度，可以长期保持姜的品质。选择干燥地块挖窖，窖的入口处的口径为1～1.3米，窖深可以容人进出。将充

分晾干的姜块堆存于窖中，并经常入窖内检查，人离窖以后严密封住窖口，保持窖内较高的温度。开春天暖以后开窖，陆续取出姜块备用。

总之，姜的栽培有一整套细致复杂的技术，生产上有专职之“姜农”，能精心掌握成套姜的生产技艺。

（3）营养及食用方法

姜的营养成分最突出的是碳水化合物含量高（超过南瓜），此外还含有铁、钙、磷等矿物质。姜具有强烈的辛辣味，因为它含有姜辣素，即姜酚、姜油酮、姜烯酚和姜醇等。

姜虽然可以调味及保健，但食用量不能太多，每次食用不能超过10克，所以古人只是在舌底下含一片“还魂姜”以保健。

姜又是一味重要的中药，在《黄帝内经》及《神农本草经》中都有记载，有“呕家圣药”之称誉。

姜性温微辛，能暖脾胃，散寒止痛，适用于脾胃虚寒，心腹冷痛，呕吐呃逆，肠鸣腹泻等症。姜中含有姜辣素，对心脏和血管有一定刺激作用，能加快血液循环，使毛孔张开，排汗量加大，体内的余热随着汗液被带走，所以有一定防暑作用。此外，姜可防治肠胃病，所以俗语有“家备生姜，小病不慌”及“冬吃萝卜夏吃姜”的说法。

《本草纲目》载：“姜通神明，归五腑，散烦闷，解药毒，益脾胃，发散和中，可蔬、可和、可果、可药，其利博之。”这是对姜的药用和保健作用的高度评价。但是患肿疖、炎症等病人不能吃姜，烂姜更要严禁食用。

姜是人们日常生活中不可缺少的重要的香辛调料，作为调料，最好选用老姜，因为老姜更辣。姜的食用方法很多，常用于烧肉类、鱼类，以除去膻腥味，也常用于做汤、泡茶、面食或用于点心的馅料。姜又可制成多种加工制品，如酱制、糖制、糟制、醋制、姜干、姜粉等。宋朝常制糖姜食用，元朝常制糟姜食用。近代广东产糖姜

闻名，并且出口外销。中华料理国际闻名，在一些著名特色中华料理中，如川菜、粤菜，姜也发挥了出色的调味作用。

在国外，姜也是重要的调味品，广泛用于多种菜肴。在印度、日本等亚洲国家的菜肴中也常爱用姜。有些欧洲国家虽然忌姜的强烈辛辣味，但仍以姜油、姜汁作调料，还有喝姜酒。总之，姜在国外也是很重要的调味品，所以姜在国际上有“超级调味品”的美誉。

此外，姜的嫩芽也是美味的食品和香辛调料，中国古代就有吃姜芽的习惯。宋代苏轼在江苏镇江金山吃长江鲥鱼时，以姜芽调料，乘兴作诗，云:“先社姜芽肥胜肉……芽姜紫醋炙银鱼……尚有桃花春气在，此中风味胜莼鲈。”可见宋朝就有用芽姜及醋作为鲥鱼的调料。

我国现代西式餐厅的时尚菜肴中，有一名菜肴“姜芽烧鳗鱼”，其用材为鳗鱼、青柠檬、苦菊、姜芽末、葱花等。

姜汤面

江南人对姜汤面有特别的感情，其中台州人最甚。

姜汤面是台州的代表性面食，它的精彩之处除了丰富的浇头（有虾干、猪肉丝、笋丝、香菇、金针菜、荷包蛋、豆腐皮、青菜、蛏子等），还在于它微辛浓郁的汤——带着姜汁特有的香味。

姜汤面无姜汁不香，做姜汤面前要先将姜切片晒干，将姜干放入锅中，并放入适量的水，先旺火后温火熬上两个时辰才能熬出姜的醇味。当然更多的店为了省时间，往往直接榨取姜汁。姜汤面上桌，米面白里透亮，姜汤热气袅袅，浇头绿肥红瘦，看着这真材实料的姜汤面，觉得台州人就是实诚。

第八节 蓼

古名：虞蓼；别名：泽蓼、水蓼。

《尔雅·释草》载有“虞蓼”，据郭注云：“虞蓼，即水蓼、泽蓼。”泽蓼生于水中，所以也称为水蓼。这种蓼的味辛辣，古代称为辣菜，作为香辛调料。

蓼为廖科一年生草本植物，生长于水中或湿地。水蓼株高60厘米，茎老熟时呈红色。叶互生，长菱形，常带有黑点。托叶呈鞘状，包裹于茎的外部。花小，粉红色。

我国古代蓼的种类很多，除水蓼以外，还有红蓼、香蓼、酸模蓼等。蓼的用途也广，除作菜用以外，还供药用，作染料或观赏用。

蓼的嫩茎叶可供食用，有特殊香辣味，我国在远古时代就将蓼作为多种肉类的调味品。《礼记·内则》载：“豚，春用韭，秋用蓼。”意思是：烧肉块时，春天加入韭菜作调料，秋天则用蓼作为调料。《礼记》又载：“鹑羹，鸡羹，鴽，酿之蓼。”（注：鴽，是一种鸟。）意思是：在吃鸡、鹌鹑和鴽的肉时，要把切细的蓼丝仔细地撒在这些鸟肉上面，作为香辛调料。据《礼记·月令》载：“田鼠化为鴽。”意思是：古代认为“田鼠变成鴽鸟”，鴽是一种鹌鹑类的鸟。

由此可见，我国远古时代在吃不同的肉类时，应用不同的香辛调料，吃猪肉时常用韭菜作为调料，但是在吃鸟类、鸡肉时，则用蓼作为香辛调料。

虽然在我国远古时代，蓼曾经是主要的蔬菜和香辛调料，但是到汉朝以后，蓼已经在我国蔬菜领域中逐渐消失。晋朝我国记载蔬菜的书籍中已无蓼了。到了近代，除了偏远地区以外，一般居民也不知道蓼是什么，更不知道它曾经是主要的蔬菜。甚至近代我国蔬菜园艺书籍中也无蓼的记载。

事实上，近代我国有少数地区还有水蓼，并把它的嫩茎叶或幼

苗供作菜用或香辛调料。一般把蓼的嫩叶、茎放入开水中焯过，切成丝，再加入尖辣椒、盐、油等凉拌供食用。或以水蓼丝加入肉丝等炒食，食味鲜嫩辣。

蓼还可以祛风理湿，对风湿性关节炎有良好的药效。

根据上述各节，还需要强调指出，我国远古时代不同季节食用时，严格采用不同的香辛调料种类。“豚，春用韭，秋用蓼”“脍，春用葱，秋用芥”，这两句指导人们吃猪肉时，春天用葱或韭菜作为调料；但是秋天吃肉时，须用蓼或芥辣作调料。为什么要这样呢？这是因为春天气温较低，应该用香辛气味浓，但不辛辣的葱、韭作为肉的调料，但是秋天的气温高，吃肉时须用辛辣味重的蓼或芥辣作为调料。这样的安排应该是合理的，也是很细致的。

第九节 芹菜

别名：芹、旱芹；俗名：药芹菜、旱芹菜。

芹菜是伞形花科二年生草本植物，它是一种重要的绿叶蔬菜。芹菜原产地中海沿岸及高加索，中国也是芹菜原产地之一。古希腊人最早栽培芹菜。根据 20 世纪 60 年代的援藏人员告之，康藏路上常有成片的野芹菜生长于桃树林下。

汉朝张骞通西域时，芹菜另一个品种传入中国。中国芹菜的栽培历史悠久，但是在《周礼》等古书中载的“芹”（例如“芹菹”），是水芹菜，不是旱芹菜。

芹菜的叶片及叶柄有浓郁的香气，营养丰富，供应期又长，且栽培技术简易，所以芹菜在我国南北各地普遍栽培，是我国主要的叶菜类之一。唐朝杜甫有赞美芹菜的诗句：“饭煮青泥坊底芹。”宋朝苏轼诗：“泥芹有宿根……”“香芹碧涧羹”。

芹菜品种很多，因来源不同，可以分为“本芹”（中国芹菜）和“洋芹”两大类。依叶柄的颜色区分，可分为青芹和白芹两类；如按叶柄中是否空心，又可分为实心芹和空心芹两类。

（1）芹菜品种

上海品种 早青芹、晚青芹、洋白芹、实心芹，还有近年来引进的“西芹”。不同品种的芹菜，品质及风味等的差异较大。

国际品种 青芹品种有千芳、Utah52-70、Florida 683、Golden Dwarf；白芹品种有 Golden Self-blenching、Cornell 19 等。

（2）芹菜栽培方法

芹菜喜冷凉湿润的气候条件，忌炎热。种子发芽及生长适温为 15 ~ 20℃，苗期能耐高温，成株可耐 -5 ~ -4℃的低温。在弱光照条件下也能良好生长。芹菜根系的吸收能力弱，对土壤水分和养分要求严格，所以芹菜栽培要求良好的肥水管理。芹菜生长宜富含有机质肥沃的壤土，pH 为 5.5 ~ 6.7（微酸性至中性）的土壤。

芹菜的栽培可以分为露地栽培和保护地（塑料小棚、塑料大棚及温室）栽培两大类型。中国的芹菜栽培，一般以露地栽培为主。以下介绍上海地区芹菜露地栽培方法。

上海地区芹菜的栽培型分为早秋作、晚秋作和春作，不同的栽培型应该选用适宜的芹菜品种。

早秋作 宜选用早青芹品种，可以在大田直播栽培，采收秧芹，或者于露地育苗以后移植栽培。6 月中旬至 7 月中旬播种，撒播，每 1 000 平方米播种量为 2 千克。苗期应遮阴，勤浇水，保持土壤湿润，分次间苗，苗距 2 ~ 5 厘米。苗高 15 ~ 18 厘米时定植。“排芹”（不培土的）行距 25 厘米左右，“壅芹”（培土软化栽培的）行距为 35 厘米左右，株距都为 4 厘米。生长期间需追肥多次，掌握肥液先淡后浓的原则。芹菜易遭蚜虫为害，应及时施药治虫，上海地区芹菜的病害较少。芹菜植株高达 50 厘米时，可以进行培土，培土高 10 ~ 12 厘米，用刀培土，培土以后拍平上面。温度较高时，

于培土后15～20天，就可以采收。经过培土的芹菜叶柄颜色洁白，质地柔软，品质好。早秋作芹菜，一般于10月中、下旬开始采收，每1 000平方米芹菜的产量为2 000～2 500千克。

晚秋作 宜选用晚青芹品种，7月下旬至9月中旬播种，育苗方法和早秋作相同。本作芹菜可延迟到第二年1～2月淡季供应，在越冬期间田间要用无纺布或塑料薄膜覆盖，以防寒防冻，或者把芹苗定植于塑料小棚或塑料大棚中。从11月开始采收，陆续采收到翌年4月，每1 000平方米产量为2 000～4 700千克。

春作 宜选用晚青芹品种，为了提高采收期和防止先期抽薹，先在塑料大棚或塑料小棚中育苗，2月下旬至3月下旬播种，4月上旬至5月上旬定植，行距30厘米，株距18厘米，5月下旬至6月上旬采收，每1 000平方米产量为1 500～2 000千克。

留种 应用秋播芹菜留种，选留优良种株，11月间定植，行距35厘米，株距17厘米，5月下旬至6月上旬采收种子，每1 000平方米种子产量为50千克。

（3）芹菜的营养及保健功能

芹菜含有较多的膳食纤维和丰富的营养物质，每100克食用部分中，含蛋白质3.2克、碳水化合物3.8克、维生素A 3.12毫克（含量和胡萝卜相似）、维生素C 29毫克（含量比番茄的含量稍低）。但是芹菜叶和叶柄中，所含的营养物质不同，详见下表。

芹菜	粗纤维（克）	维生素A（毫克）	维生素C（毫克）	钙（毫克）	磷（毫克）	铁（毫克）
叶片	1.1	3.12	29	61	71	0.4
叶柄	0.6	0.11	6	160	61	8.5

注：每100克食用部分中的含量。

中医认为，芹菜性凉，味甘清，能平肝清热，祛风利湿，养精益气，润肺止咳，健齿利喉。有明目、降压、镇静等功效。

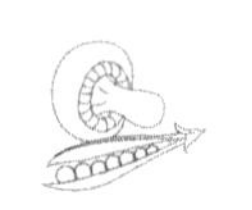

医药研究指出，芹菜有降血压、降血脂、消炎、抑菌、镇静、防癌抗癌、利尿和除臭等功效，所以芹菜是一种非常重要的保健蔬菜。

芹菜的叶片及叶柄有浓香气，叶柄肥嫩是主要的食用部分，可供作炒食，煮熟后拌食等。唐朝《食疗本草》载：“芹菜，置酒酱中香美。”

应该指出，芹菜的叶片虽然品质较粗，口味较差，但是芹菜叶片可以提供丰富的钙和磷，是骨质疏松人群的好食材。芹菜叶还能提供丰富的维生素 C 和维生素 A 等营养物质。烹调芹菜供食用时，不应该将叶片去掉，太可惜，我国北部农村现在仍有吃芹菜叶的习惯。芹菜的叶和根可以提炼香料。

第十节 荠菜

古名：荠；俗名：护生菜、菱角菜、地米草、上巳菜等。

荠菜是十字花科一二年生草本植物，我国古代荠菜在南北大地田野隙地中普遍生长，一直到现代，在长江流域及河南等省华北的旷野乡村，甚至城市的隙地中仍普遍生长荠菜。

荠菜载于《诗经》《楚辞》等多种古籍中，记录荠菜是野草，但中国自古至今将荠菜作为蔬菜食用。荠菜是美味的食材，食用范围广，又能在元旦、春节等严寒时期供应市场，近代荠菜在我国的消费量越来越大，在我国蔬菜生产上具有重要的地位。荠菜在我国已经开始进行人工栽培，并将荠菜列入栽培蔬菜类。

1. 荠菜的文化内涵

在中国许多古籍中都载有荠菜，《诗经・北风・谷风》（公元前 1000 ~ 前 558 年）载：“谁谓荼苦，其甘如荠。”从这一句诗可以指出，

中国早在三千年以前已经食用荠菜且载于史册，又指出荠菜的口味很好。《尔雅》载："荠味甘，人取其叶作菹及羹亦佳。"（菹：酸菜）《楚辞·离骚》（公元前343～前277年）载："故荼荠不同亩兮。"

唐宋的诗人也咏荠菜，唐朝诗人孟浩然《秋登兰山寄张五》云："……时见归村人，沙行渡头歇。天边树若荠，江畔舟如月。"南宋诗翁陆游特别爱好荠菜，他在《剑南诗稿》中载有颂荠、食荠的诗章。他在蜀中做官时曾经作《食荠》诗三首，其中诗一首云："日日思归饱蕨薇，春来荠美忽忘归。"这首诗的意思是：他远离家乡，很想念故乡，但是在四川吃到荠菜的美味，竟忘记回乡的思念。陆游《食荠》又云："小著盐醯助滋味，微加姜桂发精神，风炉歙钵穷家活，妙诀何曾肯授人。"

宋朝诗人还写了不少赞美荠菜的诗句，辛弃疾写下的妙句："城中桃李愁风雨，春在溪头荠菜花。"司马光的诗："后檐数户地荒秽，不剪欲令生荠花。"刘克庄的诗："荠花满地无人见，唯有山蜂度短墙。"春光逝去，桃李花凋零，在茫茫田野间盛开着白色的荠菜花，迎风屹立，它们却"留住"了春光。

中国古代灾荒频繁，荠菜是主要的救荒植物之一，明朝名仕徐光启《农政全书·救荒篇》载："荠菜儿，年年有，采之一二遗八九，今年才出土眼中，挑菜人来不停手；而今狼藉已不堪，安得花开三月三？"

荠菜既富有中国文化传统的内涵，又具有悠久的民俗文化内涵。有江南民谣："三月三（指农历，为传统的上巳节），荠菜花儿上灶山。"在这一天乡间人们会采下许多荠菜花，插在灶上及室内、坐、卧之处，认为可驱除蚁害、避邪。在浙江、福建的一些乡间，至今仍称荠菜为"上巳菜"。

2. 栽培方法

荠菜性喜冷凉气候，但它的适应性强，生长适温12～20℃，

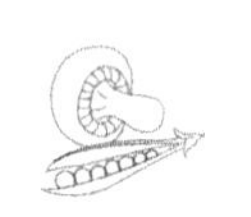

种子发芽适温 20 ~ 25℃，气温在 22℃以上时，生长缓慢，品质也劣。荠菜耐寒，能耐短期 –8℃低温。荠菜生长宜土壤疏松、排水良好、pH 为 6.0 ~ 6.7（微酸性）的土壤。荠菜虽较耐寒，但是因为它的生长期短，栽培密度大，所以要使得荠菜优质高产，荠菜栽培需要提供充足的氮肥和水分。

荠菜虽为野生，但是上海郊区菜农栽培荠菜已有百余年历史了。上海郊区的虹桥乡以栽培荠菜闻名，已积累了成套的荠菜栽培技术。

（1）上海郊区栽培荠菜品种

板叶荠菜 又名大叶荠菜，叶片较宽大，长 10 厘米，宽 2.5 厘米，叶边缘缺刻浅，其叶型和野生种荠菜叶型的差异明显。生长快，产量高，但是抽薹期早，不宜春播，只宜于秋季栽培，板叶荠菜是近代当地荠菜栽培的主要品种。

碎叶荠菜 又名花叶荠菜，叶片较短较狭且厚，长 8 厘米，宽 2 厘米，叶边缘羽状深裂，生长较慢，产量较低，但是它的抽薹期较晚，而且叶的香气较浓，适宜于春季或秋季栽培。

（2）栽培型

上海地区荠菜栽培是露地栽培，其栽培型分为春作、夏作和秋作三茬，以秋作为主。

春作 于 2 月中旬至 4 月下旬播种，以 4 月上旬播种为最适宜。3 月上旬以前播种的，宜采用碎叶荠菜品种；3 月中旬以后播种的，宜用板叶荠菜品种。3 月下旬至 7 月上旬收获，采收期短，产量低，此作也有采用地膜覆盖栽培的。

夏作 6 月上旬至 8 月下旬播种，宜用板叶荠菜品种，并须采用隔年陈种子，以利出苗。如果应用当年的新种子播种，在播种以前须用低温（5℃）或赤霉素（100 ppm）处理种子，以打破种子休眠。这一作 7 ~ 9 月收获，因为夏季高温又多阵雨，自然灾害多，风险大，费人工，产量又不高，所以这一茬很少栽培。

秋作 9月上旬至10月上旬播种，宜用板叶荠菜品种，但是这一茬的后期，则宜用碎叶荠菜品种，10月上旬到第二年2月分批陆续采收，采收期长，产量也高，尤其这一茬的荠菜能在元旦到春节供应市场，深受欢迎。但是这一茬的后期正值严冬，须用塑料薄膜或农用无纺布覆盖菜畦地面，以保苗防冻害。

（3）栽培技术

荠菜栽培采用“直播法”（直接播种于田间，不进行移苗栽培），播种应密，以后分批挑菜采收。所以，荠菜栽培技术的关键之一是提高出苗率，确保出苗良好，以达到密植。也就是荠菜栽培关键技术的基础，是应用发芽率高的种子，要使荠菜栽培成功，必须掌握荠菜的留种技术（详见下述）。

荠菜播种以前，应该把菜畦地面整平耙细，并保持土壤湿润。因为荠菜的种子细小（千粒重仅0.03～0.12克），播种密，所以每1 000平方米播种量为0.8～1.5千克（秋作），或1.5千克（春作），或1.5～3.8千克（夏作），可以加入大约种子重量4倍的干细土，和种子混合均匀撒播。适宜播种量的掌握标准，是出苗以后每1平方米至少有300苗，如此才能获得高产。

荠菜的种子小，播种应浅，才能出苗良好，所以播种以后只需轻轻镇压畦面，使种子与细土粒密切结合即可。出苗期间酌情适当浇水，浇水要匀、要轻，水滴应细，宜用喷灌。

秋作荠菜力争播种以后3～4天内出苗。夏作荠菜须遮阴覆盖以防烈日和降雷阵雨，利于出苗及保苗。

荠菜栽培以追肥为主，一般是在3～4叶苗期开始追肥。在荠菜生长期间适当浇水，保持土壤湿润，还应该及时清除田间杂草，防治蚜虫和霜霉病。

荠菜田间密度高，又是分次间苗多次采收的，所以采收技术是否适当，也是荠菜丰产优质的技术关键之一。采收荠菜应该应用专用小型桃菜刀，采收时，根据田间菜株生长的疏密情况，选大株先

采收，留下小株；苗密处多采收，苗稀处少采收，保持留下的荠菜株能够均匀分布于田间，有利于它们继续发棵生长。总之，要做到细采、勤采，正如俗语说，采收荠菜要“挑一刀、留一刀”，这是挑荠菜获得丰收的基础。采收一次以后，加强肥水等田间管理，再经过一个多月以后可以采收第二次，根据荠菜不同的栽培型，一茬荠菜可采收 2 ~ 5 次。

上海栽培的荠菜，每 1 000 平方米的产量，秋作为 3.0 ~ 6.0 吨，春作为 1.1 ~ 2.2 吨，夏作为 1.1 ~ 1.5 吨。

为了经济利用土地，提高单位面积产量，荠菜栽培可与白菜、菠菜种子混播，或者和茄子、番茄、辣椒、豇豆等套种。

（4）留种

荠菜的种子不易发芽，种子的质量会严重影响荠菜的产量，所以掌握留种技术是荠菜栽培能否成功的基础。

上海地区留种的荠菜应该延迟到 10 月初播种。待种株上种子已经变成黄褐色，种株群体已有九成熟时，于清晨轻轻地割下种株，放在室内阴凉通风处，充分阴干后脱粒。再将种子晾干或晒干，但是千万不能在烈日下暴晒种子。然后将干燥种子放入甏内或罐中，并加入适量石灰等干燥剂，在低温条件下贮藏种子。贮藏好的荠菜种子，其发芽年限为 2 ~ 3 年，每 1 000 平方米荠菜采种量为 100 千克左右。

荠菜的种子容易失去发芽力，所以要特别注意做好种株的采收晾干以及种子摊晒和贮藏等技术。总之，荠菜栽培技术的关键是细心、熟练。

（5）荠菜的营养、保健功能及食用方法

荠菜的营养丰富，尤其含有丰富的维生素 A、维生素 C 及钙等矿物质和较高的微量元素硒，每 100 克鲜菜中，含蛋白质 2.7 克、膳食纤维 1.4 克、碳水化合物 16 克、维生素 A 3.41 毫克、维生素 C 68 毫克（荠菜维生素 A 的含量比胡萝卜高，维生素 C 含量为番茄

维生素C含量的2倍）、钙175毫克、磷54毫克，硒的含量高达0.93毫克。此外还含有荠菜酸、氨基酸黄酮等。

荠菜药用始载于魏晋（公元220～420年）陶弘景《名医别录》。荠菜有凉睛、止血、清热、利尿等药效，多用于目赤疼痛、眼底出血、痢疾、肾炎和水肿等症。荠菜是我国民间常用不花钱的良药，所以有“三月三，荠菜赛灵丹”的谚语。荠菜清香，食味鲜美，又是不花钱的廉价美味食材，自古至今荠菜颇受人们喜爱。荠菜的食用方法很多，在周朝等时代，古人常常将荠菜作菹（酸菜）和羹。南宋著名诗人陆游食荠菜时，把荠菜稍煮以后，加入姜桂等调料，烹制成美味佳肴。

现代各地荠菜食用方法有如下很多方法。

素炒 取鲜嫩的荠菜，洗净切成段，放入油锅炒，加入一些盐、酱油等调味料，爱吃辣椒的人，可再加入一个红辣椒，把菜炒熟。这份菜口味清爽，是一份难得的乡野菜，不仅食味鲜嫩爽口，是佐餐佳品，还使人感觉到“一痕摇漾清如剪，春在红尘荠菜青”。荠菜素炒还有荠菜炒山药等。

凉拌 例如，荠菜拌干丝等。

荤炒 例如，荠菜炒肉丝等。

做羹 荠菜豆腐羹是家常美味菜。

做饼 春卷、煮粥等。

荠菜是做包子、饺子、馄饨等馅料的好食材。采嫩荠菜，洗净，加入一些瘦肉、大葱等，剁成馅，再加入一些盐等调味料，便成为包子、馄饨等馅料的佳品。

上海点心铺，出售荠菜馄饨，生意火红，座无虚席。

荠菜虽然是山野小草，如今登堂入室，在众多家庭妙手和食堂名厨的妙手下，烹制成为席间佳蔬，真是名副其实的

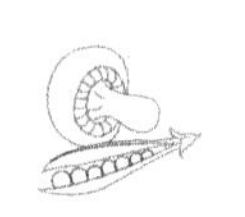

山珍美肴。宋朝大文豪美食家苏轼赞扬荠菜美味，称荠菜“菜之珍品”“天然之珍……而有味外之美”。

在美国纽约居然也有野生荠菜，但是口味很淡，而且不能采摘。

第十一节 小茴香

别名：茴香；古名：蘹（怀）香、土茴香（都为中药名）；俗名：香丝菜。

茴香是伞形科茴香属中的多年生宿根草本植物，常作为一二年生蔬菜栽培。原产地中海沿岸及西亚，之后遍及欧洲、美洲及亚洲。中国于西汉时，经丝绸之路引进。现代在我国华北普遍栽培。

茴香的茎叶都有特殊的香味，是常用的香辛调味蔬菜。关于茴香的引进，《本草纲目》载：“结子大如麦粒，轻而有细棱……自番舶来，实大如柏实，裂为八瓣……曰八角茴香。”（“自番舶来”意思是从外国引进，这说明茴香是古代从外国引进。这里的八角茴香是木本茴香。）

现在中国栽培的茴香有大茴香和小茴香两种。大茴香在内蒙古、山西普遍栽培，株高30~45厘米，抽薹较早。小茴香则在河南、河北普遍栽培。

小茴香植株较矮，植株高20~35厘米。一般有7~9层叶，叶深绿色，被有蜡粉，叶为2~4回羽状分裂，小叶成丝状，叶柄的基部成鞘状，包住茎部。夏季从基部抽生花梗，复伞形花序，花小、黄色、花瓣5裂。果实为双悬果，椭圆形，内有种子2粒。茎、叶

及果实都有特殊的香气。

（1）栽培方法

小茴香性喜冷凉气候，适温 15 ~ 20℃，适宜有机质含量较多，且湿润的土壤。

华北地区小茴香春作 3 月下旬至 4 月上旬播种，秋作 7 月至 8 月播种，小茴香播种后出苗较困难，所以必须精细整地，并且严格掌握播种技术，以利出苗。最好是乘土壤湿润时播种（乘墒播种），撒播或条播。采用撒播法时，播种以后浅耙土。条播按行距 10 厘米开浅沟，沟深 1 厘米，撒播种子以后，用扫帚扫种子入沟，轻轻耙平。播种量为每 1 000 平方米 3.7 ~ 6 千克。播种以后保持土壤湿润，出苗以后结合除草进行间苗。幼苗期适量浇水，苗高 11 厘米左右，以后浇水稍勤。成株以后施速效氮肥。小茴香的生长强健，病害少。

经过 50 ~ 60 天，株高 30 厘米左右时，可以连根拔起一次采收，也可以结合间苗分次采收，春播于当年可采收 2 次，秋播于当年秋及翌年春各采收 1 次。产量一般为每亩 1 000 ~ 2 000 千克留种的小茴香宜秋播，间苗采收以后，选苗优良植株，按 40 厘米株距定苗，冬季注意保温防寒，至第二年 5 月开花，7 月收种子。

民间庭院零星栽培者，自春至秋季随时采摘嫩叶供食。冬季地上部枯死，第二年春再萌发，加强肥水等管理工作，可以连续采收多年。

（2）营养、保健功能及食用方法

小茴香的茎、叶、果实和根皮都有特殊的香味，其主要化学成分为茴香醚及茴香酮。小茴香中含有较多的营养物质，尤其是维生素 A、维生素 C 及钙，每 100 克鲜菜中，含蛋白质 2.3 克、维生素 A 2.01 毫克（其含量稍低于胡萝卜的含量）、维生素 C 28 毫克（其含量高于番茄的含量），钙的含量特别高，为 150 毫克。

小茴香的种子香气很浓，可以作香料或入药。小茴香药用始载

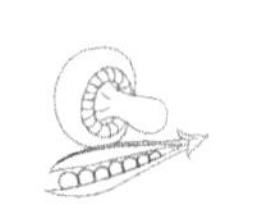

于唐朝《药性论》《千金方》，宋朝《本草图经》等著名古医典中。在《药性论》中，小茴香被称为“蘹（怀）香”。在《本草图经》中称为“土茴香”。

小茴香是一味常用的中药材，中医认为小茴香有理气、散寒、和胃止痛作用，还是治疗疝气主要的药物；又常用于治胃寒、呕吐腹痛及预防心绞痛等症。近代医学认为，小茴香能健胃祛风、兴奋强壮，还有催乳、消疝气的功效。

小茴香以嫩茎叶供作菜用，香气浓且略带甜味，为普遍常用的香辛调味料。食用方法很多，常用作饺子馅，即著名的小茴香饺子。也常切碎以后，撒于面上调味，或煎小茴香鸡蛋饼等，也用于肉类烹饪的香辛调料。小茴香新叶也常供作西餐拼盘装饰用。小茴香的果实香气浓，可炸油或药用。

第十二节 蒿

蒿是我国历史悠久的蔬菜，从远古时代已经开始食用。在《诗经》中载有多种蒿类，其中之一是藤，据郭注云：“蔏蒌，蒌蒿也。生下田，初出可啖，江东用羹鱼。”这几句的意思是：古代的“藤”就是蒌蒿，它生长在湿地，它的嫩叶可以吃，江南人把蒌蒿烧鱼羹吃。《诗经》中又多次记载“蒿”。由此可见，至少在距今大约三千年以前，蒿已为我国人民作菜用了。《诗经・周南・广汉》载：“翘翘错薪，言刈其蒌。”这两句的意思是：水中生长着一簇簇密集的植物，这是可以采收食用的蒿类。据诗疏云：“其叶似艾，白色，长数寸。高丈余，好生水边及泽中。正月根芽生，旁茎正白，生食之，香而脆美。”这条注解的意思是：有一种蒿的叶很像艾，带白色，长数寸，茎高达一丈，常常生在水边或湿地。农历正月（二三

月间），从它的老根中抽出新的嫩茎，带白色，可以生吃，味香而脆美。这一段注解已经详细说明古代蒿的形态、生长习性和它的食用，蒿食味香而脆嫩。

古代我国的蒿类，除了供百姓食用以外，另一项重要的用途是供神祭祖，或者是进贡给皇家贵族，作为美食珍品。《左传》载："苹蘩蕴藻之菜，可荐于鬼神，可羞于王公。"（"蘩"是古代的一种蒿，"苹蘩蕴藻"是指蒿类等水生植物。）这一段原文的意思是：古代很多蒿类等水生植物，香气浓，可以作为祭祖敬神的供品，或作为进贡给皇帝贵族们享受的美味珍品。

又《诗经·王风·采葛》载有"萧"，据诗疏云："萧，蒿也……所谓荻蒿也……可作烛，有香气，故祭祀以脂爇之为香。"这几句注解的意思是："萧"是一种蒿，也称为"荻蒿"……它有香气，可以制蜡烛，所以在祭祖供神时，把这种蒿制成蜡烛后燃烧，作为焚香祭祀供品。

由上述可见，古代对蒿类十分重视；不仅因为它们的美味，还由于蒿类的清香，可敬神祭祖用。

（注：关于我国古代用香物供祭祖的情况，参见下述"花椒"节。）

我国古代蒿的种类很多，其名称也很多，例如萩蒿、萝蒿（萧）、白蒿、蒌蒿、青蒿等，很难说明古代的某一种蒿，它的现代名称是什么。

唐朝蒿的种类很多，在古籍中曾载：斜蒿，青蒿、抱娘蒿，作为菜肴。虽然这些蒿的名称都是地方俗名，但由此可见，唐朝人民爱吃蒿，并且那时蒿的种类也多。

《诗经·小雅·鹿鸣》又载："呦呦鹿鸣，食野之蒿。"这个"蒿"就是青蒿。现代我国医药科学家屠呦呦获得诺贝尔奖奖金，就是用青蒿制成著名药剂。

蒌蒿和青蒿我国古代已有，现代在我国仍旧普遍存在，并被广泛地应用。

蒌蒿，别名为芦蒿、藜、水蒿、柳蒿等。

蒌蒿是菊科多年生草本植物，以嫩茎和根芽供食的野生蔬菜，多生长于沼泽地、山坡和路边。宋朝大文学家苏轼又是著名的美食家，他最爱吃的蔬菜是蒌蒿，他曾经写过两首脍炙人口的名诗："渐觉东风料峭寒，青蒿黄韭试春盘。"古代在寒冷的华北，早春能够吃到鲜嫩的韭黄尝新，非常不容易；但苏公却以野生的蒌蒿与韭黄媲美，也可见蒌蒿身价之高了。《惠崇春江晚景》诗云："蒌蒿满地芦芽短，正是河豚欲上时。"这首诗又暗示，蒌蒿和河豚一样醇香美味了。由此可见，我国宋代古人仍很欣赏蒌蒿的美味。

清朝百姓也爱吃蒌蒿，在小说《红楼梦（第六十一回）》中曾经写道晴雯爱吃蒌蒿，开了蒌蒿素食的菜单。一直到近代，蒌蒿仍为大众所喜爱，江西南昌一带居民更将蒌蒿作为美食。春天在大城市市场中常有蒌蒿出售。现在我国已开始蒌蒿人工栽培。

蒌蒿不仅色绿、质脆、清香爽口，还具有丰富的营养，尤其是蛋白质、维生素 C、维生素 A 及钙的含量高。每 100 克鲜菜中，含蛋白质 5.6 克、维生素 C 49 毫克、维生素 A 1.39 毫克、钙 730 毫克。

蒌蒿性清凉，有平抑肝火，预防牙病、喉病和便秘等药效。

蒌蒿一般于春、秋两季采收，采收后的蒌蒿洗净，可供作凉拌或熟食。肉食菜肴有腊肉炒蒌蒿、蒌蒿炒牛肉丝、蒌蒿叶鸡蛋汤等。素食的菜肴有清炒蒌蒿、蒌蒿炒香干、蒌蒿炒油面筋等。蒌蒿的嫩茎叶食味香且脆美，远古时代常常供作生吃，或者用于烧鱼羹。

第十三节 香椿

古名：櫄、杶、椿；别名：红椿；地方名：椿甜树、椿阳树、

香椿头。

香椿是我国历史悠久的的蔬菜，在多种古书中有它的记载。《禹贡》载："杶于枯柏。"《庄子·逍遥游》（公元前369～前286年）载："上古有大椿。"《山海经》载："成矦之山，其上多櫄。"（注：①"矦"古"侯"字。②"櫄"音"椿"，香椿。）所以我国食用香椿的历史，应该追溯至距今三千年以前。

香椿以嫩芽供食用。从古到今国人视为美食。《本草图经》（公元1578年）载："椿木实，而叶香可噉。"（注："噉"音"淡"，吃。）《上海县志》（1871年）载："椿芽菜作蔬最佳。"

香椿是楝科落叶大乔木，树干挺直，高15～18米，树皮赭褐色，直裂状剥落。叶互生，一般为偶数羽状复叶，小叶卵圆形，或披针形，6～10对。嫩叶绛红色，成长叶绿色，有芳香。冬季落叶，叶痕明显。

通常将香椿分为紫香椿和绿香椿两个品种。紫香椿的芽苞为紫红色，嫩叶为绛红色，有光泽，香味浓，纤维少，含油量多，品质好。绿香椿的芽苞为绿褐色，品质稍差。

臭椿和香椿很相似，两者不能混淆。香椿和臭椿植物形态不同处，主要如下。

香椿属楝科，树皮褐色，直裂剥落，一般为偶数羽状复叶，叶有浓香。

臭椿属苦楝科，树皮光滑，有直裂，奇数羽状复叶，叶有臭气。

采收香椿嫩芽时，必须严格掌握芽的长度，长度以10～12厘米为宜。成年树每年可采收3次，但是第二三次采收的嫩芽，香气不如第一次采收的浓。

香椿一般为露地栽培，所以只在春季采收嫩芽。但是我国古代已采用香椿温室栽培法。清朝北京郊区有很多"土温室"，冬季生产蔬菜，其中包括香椿。这是将许多大型香椿苗木，密集假植（不带根）于温室中，促使香椿苗木生芽。当然那个时代温室生产的香

椿芽，主要供皇家贵族享用。

香椿原产中国，主要分布于山东、河南和安徽等省，河南焦作市和安徽太和县是香椿的著名产地。

香椿一般是零星种植于宅前屋后，或路旁山坡河边等空地。

香椿可以播种育苗，或分株、扦插繁殖，以分株繁殖为主。香椿性喜温暖，但也较耐寒，适宜在年平均温度 8 ~ 12℃的地区栽培。

香椿的嫩芽中含有多种营养物质，尤其蛋白质和维生素 C 的含量很高，每 100 克香椿嫩芽中，含蛋白质 9.8 克、维生素 C 115 毫克，还含有维生素 B 族、维生素 E、钙及激素物质。香椿的芳香是因为含有香椿素等挥发性芳香有机物。

香椿有清热、解毒、健脾胃等药效，也是肠炎及泌尿系统感染疾病辅助治疗的良药。对于坏血病、冠心病有一定的疗效。香椿的树皮、根皮和种子都可以入药，树材可用于制家具等。

香椿主要以嫩茎叶（香椿芽）供作香辛调料或菜用，芳香可口，色泽美丽，是我国家常菜中的美食珍品。一般用于凉拌、炒食或作馅子等的调料。也可干制腌制，或将腌制干品再供作调料。《农政全书》记载：“椿叶，生熟盐腌皆茹。”

香椿拌豆腐是江南家常名菜，它的做法是先将鲜香椿芽洗净，放入沸水中焯（用盖子盖住闷 5 分钟左右），捞出，切丝；另将嫩豆腐放入锅中稍煮一下，捞出，将香椿丝拌入；再加入香油、盐等调料后，即可供食。也可将嫩香椿叶稍腌以后切丝凉拌。香椿芽最常吃的方法是凉拌：将鲜嫩香椿芽洗净放入开水中稍焯，沥干以后，放入盆中；加入少量的盐、姜末、味精，再加入少量辣椒、醋；最后把麻油撒在香椿上，拌匀，其味清爽酸辣。

香椿炒鸡蛋也是著名的菜肴。香椿芽有多种吃法，无论采用哪一种食用方法，最好先把香椿芽在开水中焯过。有资料指出，平均每千克的香椿芽中，含有 30 毫克以上的亚硝酸盐，而用开水焯过后，每千克香椿芽中亚硝酸盐仅 4.4 毫克，对人体已无碍。

香椿的嫩叶也可作菜肴，先将嫩叶洗净，焯过，凉拌供食，或再加入其他菜肴炒食。

唐朝人爱吃香椿嫩叶，关于这件事有一则古典：唐僧取经返朝，唐太宗设宴接风，几十种著名菜肴，全是素食，其中一份素菜是面筋椿树叶。这则古典指出，唐朝人已将油面筋烧椿树叶作为名菜了。近代还将香椿种子发芽后所长成的芽苗菜供作菜用。直到现代，河南人还有以香椿嫩叶供作菜的习惯。

香椿芽苗菜的培育方法如下：撒播香椿的种子，保持温度（20～23℃），经过 5～7 天以后，种子发芽，继续培养。再经过 30～35 天，芽苗长成。香椿芽苗菜一般凉拌后食用，味美嫩脆，是香椿中的时鲜美食精品。

第十四节 辣椒

（注：本书所述辣椒仅指辛辣味强的尖辣椒——尖椒，不包括甜椒。）

古名：番椒；俗名：海椒（四川）、辣子（陕西），辣角（贵州）、辣茄（杭州）等。

辣椒原产地是南美洲墨西哥，也原产于东南亚，中国西南地区也有辣椒野生种。15 世纪末哥伦布航海至美洲以后，将辣椒传入欧洲，又从北非经过阿拉伯国家、中亚传至东南亚各国，形成世界有名的“辣带”。（注：辣椒由海运传入中国的详情见上文“辣椒传入中国历史考证”。）

明末（16 世纪末）辣椒由海运传入中国，以后逐渐传入内地，尤其以湖南、江西、四川和贵州等省辣椒栽培最广，人民也最爱吃辣，甚至每餐必备。在西南各省山区，气候潮湿阴寒（俗称“瘴

气”），吃辣椒可以御寒，这些地区又缺盐，辣椒又可发挥缺盐矫味的作用。

随着我国人民生活条件日益好转，膳食更趋多样化，辣味在我国人民生活中越来越被需要，江南等地区的人民过去怕吃辣，现在逐渐吃一些辣，正如俗语说的“生活全面花开，辣椒一统食坛”。这说明辣椒在我国膳食调料的作用，越来越重要了。

中国式菜肴烹饪很重视调味，并且有一整套调味品体系，即以往所谓“五辛”调味，“五辛”一般是指葱、姜、蒜、辣（辣椒）和椒（花椒），所以辣椒是中国式菜肴中重要的调料。

要发挥辣椒的调料作用，应该选用适于调味的辣椒良种，调味用的辣椒主要用尖椒，不用甜椒。

（1）中国传统尖椒类型和优良品种

羊角辣椒类型　例如长沙牛角椒、云南昭通大辣子和杭州早羊角椒等。

樱桃辣椒类型　例如云南建水县辣椒等。

朝天辣椒类型　例如四川七星椒等。

现代供作调味用辣味很强的品种，一般采用四川海椒、海南朝天椒和云南象鼻辣椒（又名“涮涮辣”，是野生的一个变种）。陕西尖椒（秦椒）是著名加工用的辣椒品种。

现代我国育成的辣椒新品种很多。江苏、安徽、江西、湖南、湖北、四川和广东等省都刊载了育成辣椒新品种名称，真是万紫千红，丰富多彩。

（2）辣椒栽培方法

辣椒性喜温暖，不耐霜冻，生长适温为25～28℃，超过35℃或低于15℃时易落花，在充足的日照和较低的空气湿度下，才能生长良好，较耐旱、怕涝，对土壤要求不严格，以pH为5.5～6.8（微酸性至中性）排水良好沙壤土、壤土为宜。

尖辣椒耐土壤瘠薄，栽培管理又较简易，适于在山区栽培，在

中国的西北、西南和华中地区尖辣椒栽培更广。

为了提早采收期和增加产量，辣椒（包括尖辣椒）一般是在塑料小棚、塑料大棚或温室中播种育苗（播种以前先行浸种催芽），于晚春无霜期时，起苗定植露地。

行距一般为 30 厘米，株距 24 厘米，尖辣椒栽种的行株距可稍大，每穴双苗丛栽可以提高产量。

苗定植初期，应严防地蚕（地老虎）切根伤苗，栽苗成活以后，先后松土除草 2 ~ 3 次，尖辣椒田间肥水管理可较甜椒、茄子粗放一些，7 月以后进入开花结果盛期，应加强施肥浇水，并且在植株基部稍培土，以防植株倒伏，也应及时防治蚜虫为害。

高温期间辣椒开花多，结果多，在盛产期每隔 7 ~ 10 天，可采收青椒 1 次，应该及时采收青椒，以提高产量，一直可采收到霜降。如果采收红辣椒，须待果实充分红熟以后采收。

（3）营养、保健功能及食用方法

辣椒有强烈的辛辣味，主要是果实的胎座部分有辣椒素，辣椒果实中含有丰富的营养，尤其富含维生素 C（每 100 克辣椒果实中，含维生素 C 48 毫克），以及较多的维生素 E、钙、磷等营养物质。

辣椒性热，味辛辣，是营养丰富的香辛蔬菜和独具一格的调味佳品。辣椒能温中升胃，行血消食，散风驱寒，兴奋发汗。

在我国西南部高山地区，辣椒更是御瘴良药（“瘴”是西南高山地区的湿热空气）。

但是辣椒食用应该有节制，不能过量食用，否则会严重损害健康。中医提示：下列 9 种人士千万不能吃辣椒，包括痔疮患者，正在服用中药者，心脑血管病患者，肾病患者，孕产妇，甲亢患者，红眼睛、慢性胃炎、胃溃疡和食管炎患者，慢性胆囊炎、胆结石症和慢性胰腺炎患者。

1943 年，我从沦陷区上海艰苦跋涉数千里，来到重庆，考入国立中央大学（那时的最高学府）求学。学校中的生活极艰苦，吃的是平价糙米饭，那时饭和菜都缺，菜吃完了，只有去餐厅旁的小卖部买些辣酱配饭，如此3年不断辣酱，也可说是满肚“红”了。那个时期吃辣酱，虽可说是调口味，实际却是调“人生苦难之味”，连绵战火，家破流浪，辛酸苦辣多种滋味在心中！

因此，作者写《忆旧——辣酱佐餐》以资纪念。

八宝霉饭粒粒黄，有口皆稗也平常；

稻糠杂质无所谓，肚中饥饿似虎狼；

四碗素菜淡味汤，抢到手中依旧香；

争先恐后难留情，菜尽无奈吃辣酱。

韶华易逝，此味（吃辣酱）此恨永远难消。

鲜椒

青熟椒

全果食用，剖开果实，取出种子，供作菜肴的配料炒食，或经油烤作成焙辣椒供食。

切碎果，凉拌食用：将果实切碎，加入盐、蒜泥、麻油等调料，拌匀以后供食；或将碎青椒加黄瓜或土豆丝，与其他配料拌匀供食。

红熟椒

一般用充分晒干的红熟辣椒，将全果或切碎的果实加入菜肴或面条中，可添辣增色。湖南人尚米粉，街边米粉店随处可见，若食米粉，个个碗里大红辣椒面覆盖，红艳美极。

酱制——辣酱

将红熟的辣椒捣碎为糊状，俗称为辣糊。在辣糊中加入豆豉等香料，制成多样化的辣酱。目前市场上有多种品牌的辣酱（包括各地的辣椒酱土特产，例如“平望辣酱”“湖南

辣酱”等)，可说是香辣细腻各具特色，在国外还有著名的朝鲜辣酱。

辣糊或辣酱口味鲜辣浓烈，既便于保存，又便于随时食用，爱食辣的人甚至每餐必备，爱吃臭豆腐的人，也离不开辣酱作蘸料。

在吃米饭、面条或点心时，根据各人的需要，酌情加入一些辣酱、辣糊或辣酱油调食，还可以加入菜肴中作为调料，例如麻辣豆腐、辣酱面等，都是大众化家常名菜、名点。

干制(干椒)

陕西的秦椒是全国闻名的，有“椒中之王”之称。

食用方法:①将干椒入菜肴中烹调。②将干椒捣碎放入碗中，再将已烧开的食油倒入碎干椒中拌匀，供作调料。四川的“油辣子”，是把干椒放在油锅中炒香以后，加入盐、味精等供作调料。③加入罐藏食物中，作为防腐剂及增色剂。④制成辣椒粉，既香又辣，风味独特，促进食欲，振奋精神，可以再加工制成油制辣椒粉，西北传统著名餐馆中，餐桌上必备一套“四大金刚调味料——辣椒粉(辣椒面)、蒜、姜、醋”，缺一不可。

辣椒粉不仅是重要的调味品，更是我国主要的出口创汇农产品之一。

腌制

以红与辣为特色的“川菜”，充分发挥了辣椒等的调味作用。

辣椒腌制加工制品种类多，更使辣椒成为重要的调味料。

辣椒有多种“彩椒”品种，所以辣椒也是美味菜肴中“配色”的良材。

第十五节 芫荽

古名：胡荽、香荽、蒝荽；俗名：香菜、松须菜。

芫荽为伞形花科一二年生草本植物，叶为根出的复叶，小叶片圆形，叶缘有缺刻，叶柄纤细。开花时花梗长达80厘米，花梗的顶端密生白色小花。果实半圆形，黄褐色。芫荽具有特殊的芳香。

芫荽原产南欧、中亚和西亚。汉武帝时张骞通西域，经丝绸之路引进大蒜、芫荽（胡荽）等蔬菜。因为芫荽来自少数民族之地，故名胡荽。

关于芫荽的名称，植物形态及特性等，东汉许慎在《说文解字》中记述如下：“荽作菝用，可以香口也，其茎柔叶细而根多须，绥绥然也。张骞使西域始得种归，古名胡荽。荽，乃茎叶布散貌。石勒讳胡，故晋地称为香荽。”上述一段指出：汉朝张骞通西域时引进芫荽，故名胡荽，以后因为北方少数民族头领石勒讳胡，所以在当时山西一带把胡荽改名“香荽”。

关于芫荽的特性和形态：荽，可以作为菝（指绿色蔬菜），是口味很香的菜。芫荽的茎柔软，叶细弱，又多须根，它的形态是很细弱柔软。所以芫荽的名称也表示它的茎叶很松散的样子。

芫荽具有强烈的芳香，是中外古今一种重要的香辛调味蔬菜，尤其适于去除牛羊肉的膻腥味。所以芫荽引进中国以后，在中国北

部食用牛羊肉的地区推广很快，逐渐成为我国北方人民生活中不可缺少的香辛调料。20世纪60年代，西安市市场上芫荽供应奇缺，市民状告至市委书记，原来西安市的特色菜肴——羊肉泡馍——不能缺少芫荽调味。

在我国中部及南部，因为饮食习惯不同，历代较少食用芫荽。可是也有例外，福建人（尤其是闽南人）却喜食芫荽。探讨这件事的历史根源，原来福建人的祖辈都住在山西一带，因为逃避古代北方的大战乱，经过几次大迁移，才定居于福建。所以闽南人仍旧保持着北方祖辈的饮食习惯，爱吃芫荽。福建省的泉州地区，现在称为晋江，“晋”是山西，晋江就是山西人后裔的聚居地了。

（1）栽培方法

芫荽因叶柄颜色不同分为青梗和红梗两个品种。

芫荽宜冷凉气候，耐寒力强，但不耐高温，生长适温15～18℃，20℃时生长缓慢，30℃以上停止生长，病虫害少。生长期为60～70天。

芫荽可于春秋两季栽培，秋播于8月中旬至9月下旬播种（上海地区），春播3月下旬至4月下旬播种。春播如果播种期太早，容易先期抽薹。

撒播，每1 000平方米地播种量3千克。播种以前先轻轻搓去种子（果实）所附外皮，再行浸种催芽。播种以后7～10天出苗，及时间苗，保持苗距10厘米左右。及时除草，追肥2～3次。出苗以后30～40天开始采收，秋作可陆续采收到第二年3月，春作3月上旬至7月上旬采收。每1 000平方米产量，秋作采收为1 500千克，春作采收800千克。

留种的芫荽9月底至10月初播种，种株株行距20厘米见方，6月上旬种子成熟，种子使用年限为1年。

（2）营养、保健功能及食用方法

芫荽俗称为香菜，它的芳香主要是由于芫荽含有挥发性油，其

主要化学成分为松精、香叶油和胡荽油醇等。芫荽中的营养很丰富，尤其是维生素A、维生素B族、维生素C的含量高，每100克鲜菜中含维生素A 1.40毫克，维生素C 93毫克。还含有丰富的钙、铁、磷等矿物质。

芫荽中的香精油能促进唾液分泌，加快肠胃蠕动，增进食欲，对于某些消化系统疾病，可以称为一味良药。

中医认为，芫荽性温味甘，能健胃消食发汗，透疹利尿通便、驱风解毒、疏散分寒和促进人体血液循环，所以常用作发疹的药物。

香菜葱姜汤可发汗解表，适用于风寒感冒，鼻塞流涕。方法：把三者适量洗净，放入罐中，水适量煎取汁，常常饮服，每天一剂，连续2~3天。

芫荽以嫩叶和嫩茎供食用，是中国及外国普遍食用的芳香调味料，也可作为拼盘食用，芫荽的食用方法很多，更宜于凉拌，在菜肴和面条烧熟后，加入洗净切碎的芫荽，清香可口，别有风味。

芫荽是重要的香辛调味料食材，广泛用于菜肴、面食等调味，如下所述。

香菜羊肉汤、香菜牛肉汤等，鲜美可口，是进补强身，散寒祛风的佳品。

在大众爱吃的馄饨等特色小吃中，加入芫荽，可以提味、增鲜、添色彩。隆冬季节，在汤菜入盘以后，把切碎的芫荽撒在上面，给人们带来冬天的一片绿色。回族人的兰州拉面，食味有劲，而且有牛肉香与芫荽香的“绝配”，因此成为风靡全国，最具有特色的大众经济小吃“中华第一面”。

河南人爱吃香菜，一汤一面一碗菜上，总要撒上一把芫荽。河南民间香草园中，普遍种芫荽，可以随时摘食。

以往江南人不爱吃芫荽，但是自从荠菜馄饨小吃流行以来，在馄饨上面撒一些芫荽，确实增色添味，使馄饨也更加诱人，点心店

中也因此座无虚席。

芫荽广泛用于亚洲菜肴，有民族风格。日本东京有一家不起眼的小餐馆，其菜单上所有的菜肴都是用绿色的芫荽烹制成的，生意红火。芫荽在日本的广泛流行，也使许多美女盯上了芫荽的减肥功效。

其实中国古代早已指出芫荽有美容之效，芫荽可以除去脸上的黑痣。《本草纲目》载："面上黑子，芫荽煎汤，日日洗之。"宋朝名仕王安石脸上有黑痣，他的同事吕惠卿建议他用胡荽汤洗去黑痣。但是，芫荽也不宜多吃，香菜对眼不利，孕妇也不能吃香菜。《本草纲目》指出香菜多吃无益。此是荤菜，损人精神。

芫荽的果实可入药，有驱风、透疹、健脾、开胃和祛痰等药效，且可制芫荽油、香精等。

第十六节 蘘荷

古名：苴、蒚蒩；别名：蘘草、嘉草、覆菹、甘露子、茗荷（日本名）；俗名：阳藿、野姜。

蘘荷为姜科姜属多年生宿根草本植物，以嫩花穗、嫩茎和嫩芽供食用。它的地下部分生多数细长的匍匐茎，茎上有节，每节可生芽，生长出地面时，成为地上茎。地上茎初生出时，它的外面密集包裹着长的叶鞘，形状很像小竹的竹笋。植株高 60 ~ 100 厘米，茎伸长以后再生叶，叶互生，披针形，叶形似姜。从地上茎抽生花梗，于其上生花，花形不整齐，穗状花序，长椭圆形，长 5 ~ 10 厘米。花冠颜色为淡黄色或白色。因品种不同，蘘荷的茎、叶、花都有特殊的芳香。

按照不同的花色，蘘荷可以分为黄花种和白花种，江苏省栽培

的蘘荷以黄花种为主。

蘘荷古名苴蓴。我国在古代已经把蘘荷作为香辛调料，并且载于多种古籍中。《楚辞·刘向·九叹》（约公元前50年）载“耕藜藿与蘘荷。”这一句的意思是：在生长着藜藿和蘘荷的地中锄草。（注：那时候蘘荷和藜藿都是野生的，藜藿是古代很低贱的菜。）又《楚辞·大招》（公元前3～前4世纪）载：“脍苴蓴只。”王逸注：“苴蓴，蘘荷也……杂用脍炙，切蘘荷以为香，备众味也。”这一段文字的意思是：苴蓴就是蘘荷，在烧肉的时候要切一些蘘荷放入，作为香辛调料，以增加香味。

上述《楚辞》所载已指出，蘘荷是一种芳香植物；又指出，在距今约2 500年以前，我国古人在烧肉时要放入蘘荷作为调料。

西汉司马相如著的《上林赋》和东汉张衡的《南都赋》中都记载蘘荷。许慎《说文》（书成于公元100～121年）载：“蘘荷，名葍蒩。”晋崔豹撰《古今注》载：“其子花生根中，花未败时可食，久则消烂矣。”魏晋陶弘景《名医别录》载：“今人乃呼赤者为蘘荷，白者为覆菹，叶同一种尔，于人食之，赤者为胜，药用白者。人家种白蘘荷亦云辟蛇。”后魏贾思勰《齐民要术》载：“蘘荷宜树荫下二月种之，一种永生，不须锄耘，但加粪耳。八月初踏其苗令死，则根滋茂。九月初，取其旁生根，以为殖，亦可酱藏。”宋朝苏颂《图经本草》载：“荆襄江湖间多种之，北地亦有。”

到唐朝，蘘荷又进一步供作药用，唐朝名医孙思邈记述了蘘荷的药理与疗效。明朝李时珍《本草纲目》中，更详述蘘荷的栽培方法及食用药用的内容。

蘘荷原产地是中国南部及日本。我国的蘘荷分布于长江流域及贵州、甘肃等省。现在我国南部的一些原野山阴处，还有蘘荷野生种。一直到现代，我国的蘘荷多为野生，只有在农村中有一些零星栽培。

蘘荷的日本名称为茗荷，是日本人爱吃的蔬菜，在日本有大面积栽培，除了露地栽培以外，还进行室内栽培、软化栽培。

蘘荷喜温暖湿润的气候，生长适温 20 ~ 25℃，低于 15℃，停止生长。宜肥沃的土壤和阴凉处，可利用棚架和墙边空地栽培。一般 4 年更新一次，采用地下茎分割繁殖。

蘘荷含维生素 C、维生素 A 及铁、锌、硒等矿物质。

蘘荷的食用部分为地下嫩茎、嫩芽及肥大的花穗。采收嫩芽的长度以 13 ~ 16 厘米为宜，且于叶鞘还未张开以前采收。每年只能采收嫩芽 1 ~ 2 次，采收次数不能太多，以免影响花蕾的生长。花穗在秋季采收，应在花蕾出现以前采收。

蘘荷的食用方法较多，但以凉拌最为普遍。方法是：洗净后，用开水将蘘荷焯至半熟，或将蘘荷放在火上烤至半熟，再加入盐和酱油等调料凉拌食用，也可和肉等炒食。

古代常用于作菹（腌制酸菜）或酱制，现在日本蘘荷以生食凉拌为主，或制成泡菜。

白花种蘘荷以药用为主，它的根、茎、花可入药，适用于气肺血瘀、口鼻（或口角）生疮，还可以活血调经、治老人久咳等症。

枯干的蘘荷植株可用以制绳。

第十七节 花椒

古名：茮、椒；别名：秦椒、蜀椒（见《尔雅》）、南椒、巴椒（见《本草》）、大椒。

花椒是我国特产的香料，名列中国“十三香”之首。花椒最早载于《诗经·唐风·椒聊》：“椒聊且。”又《诗经》：“椒聊之实，蕃衍盈升。”意思是花椒树上结果累累。在其他古书如《离骚》《尔雅》中也有花椒的记载。由此可见，我国大约在距今三千年以前已经将花椒供食用了。

花椒是芸香科花椒属的落叶灌木或小乔木，茎高3～7米，枝上有列刺，基部宽而扁，成三角形，有小叶5～12片，小叶对生，卵形或椭圆形，长2～7厘米，无叶柄，叶缘有细裂齿，叶上有油点。花黄绿色，果实圆形，紫红色。

花椒的果皮有浓香，可作为香辛调料，也可入药及制芳香油，种子可食用或入药。

我国古代已将花椒用于烧肉类，以除去膻腥味。花椒也为一味中药材，其他的用途也广。

花椒原产中国，主要分布于四川、陕西、河南、河北、山东和山西等省，四川省的花椒更为著名。花椒喜温，但也较耐寒、耐旱、耐土壤瘠薄。

花椒为芳香植物，香气浓烈。在古代人们很重视香物。古代的人生哲学是“天人合一”，天上有神，皇帝是“天子”（天之子）。人类的生活和命运都由神主宰，所以古代人们生活中的一项大事，是敬神和迎神，祈求天神保佑。那么拿什么去敬神和迎神呢？那就要用芳香之物。所以古代花椒最重要的用途是作为供品，去迎神。

在古代迎神时，常常把花椒加入酒或浆中，或加入香米中去供神迎神。所以当时花椒的身价很高。《春秋运斗枢》中载：“玉衡星精而为椒。”意思是：花椒是神通广大、法力无边的玉衡星精。

从周朝到汉朝，花椒曾被应用于迎神及其他方面的重要用途，今简述如下。

椒糈 《离骚》载：“怀椒糈而要之。”王逸注：“‘椒’，香物，所以降神。‘糈’，所以享神。”洪兴祖注：“‘糈’音‘所’，祭神米也。”上述两句原文的意思是：想念花椒的香米，以迎神、供神，求神的保佑。

椒浆 《楚辞・九歌》：“奠桂酒兮椒浆。”古人有“椒浆桂酒”之称，就是把芳香的桂花浸在酒中，把花椒浸在浆中（浆指豆浆等）。这两样都是远古时代隆重的供品，用以迎神、供神。

椒酒　《后汉书·边让传》:“椒酒渊流。”原注:“椒酒置椒于酒中也。”就是把花椒浸在酒中。又引《四民月令》载:“‘椒’是玉衡星精，服之能令人身轻能老。”（注:“能”读“耐”）这一段的意思是：花椒可以迎来神（玉衡星精），所以喝了花椒酒以后，可以使人延年益寿。上述事实虽然将花椒神化了，但是也可以指出，汉朝时已经明确，吃花椒具有保健的效果了。（用现在的观点来说，花椒是可以用于保健的，参见下述。）

椒房　《汉书·车千秋传》载:“江充先治甘泉宫人，转至未央椒房。”原注为:“椒房，殿名，皇后所居也。以椒和泥涂壁，取其温而芳也。”这一段的意思是：将宫人送至未央宫殿的椒房中，椒房是皇后的宫殿，椒房中的墙壁，是用花椒和泥砌成的，这样可使室内更加温暖，而且芳香。

又《后汉书》载:“后妃以椒涂壁，取其繁衍多子。”这一段的意思是：用花椒和泥砌墙壁，可以使室内温暖芳香，后妃会多生贵子。

由此可见，汉朝又将花椒用于皇宫宫殿制墙，使室内温暖和芳香，从而促进后妃的生育。

以后，在《西京杂记》载:“隋唐温室宫殿以花椒和泥涂壁，壁面披挂锦绣（绸、缎等）……以香桂为主……取其温而芳也。”

随着历史的发展，从秦、汉朝开始，花椒又被逐渐应用于中医药，它也是我国常用的一味中药材。

在《神农本草》（书成于秦汉）及《雷公炮炙论》（书成于东汉）都载有花椒。

中医认为，花椒善散阴寒，能温中而止痛，暖脾而止泻。对于胃寒引起的胃痛、呕吐、呃逆和食欲不振都有良好的疗效。

中医用花椒煮水泡脚（结合按摩涌泉穴）可以消除疲劳，增强人体免疫力。

近代医药认为，花椒可促进唾液的分泌，增进食欲，从而促进

降低血压，但是孕妇及阴虚火旺者忌食。

民间医方花椒薄荷方，治痔疮。取花椒 100 克、薄荷 20 克、食盐 10 克，浸在 2 000 毫升的水中 30 分钟，然后用温火煮沸。10 分钟后倒入盆中，洗净患处后蹲在盆的上方，用花椒水的热气熏蒸患处。待水温降至 40℃左右时，再进盆坐浴治疗，至水凉为止。（注：这是一种中国传统的“药浴法”，详见本章“艾”节。）

花椒中提取的挥发性芳香油，其主要成分为柠檬烯、橘醇和牛儿醇，还含有不饱和有机酸等物。

花椒是我国家庭中常用的香辛调料，以它的果实食用为主。通常用于烧各种肉类，以除去膻腥味；或者是把花椒打碎，以后在烧多种菜肴时加入花椒末；或供作饺子、饼等馅的调味品。如果煮汤，需将花椒用布包裹以后应用。

花椒的嫩叶也可供作调料，洗净切成丝，加入面中作调料，也可以煮汤。

近代还制成花椒芽，作精品食用，例如凉拌花椒芽、炸花椒芽等。还可以将花椒加工制成花椒油、辣椒酱等。

我国以花椒供作盛宴名菜肴，曾记载于古典中，玄奘法师去印度取佛经，凯旋回朝，唐太宗亲临东阁设宴接待，宴中有一道菜是花椒煮莱菔（萝卜），花椒被用于御宴中，其身价之高可以想见。

（注：花椒为木本香料植物，但其果实常用作调味料，故在本册中列入调味蔬菜。）

“香料”风云榜

共选出 10 种香料，依次是花椒、辣椒、丁香、蒜、芥末、肉桂、茴香、姜、芫荽和罗勒。“风云榜”相当于知名度，由此也可以体现各种香料植物辛辣味的程度，花椒应该是这 10 种料中香味最强烈的。

第十八节 菖蒲

别名：石菖蒲、白菖蒲、水菖蒲、泥菖蒲等；俗名：野韭菜、臭蒲等。

菖蒲是天南星科多年生水生草本植物。我国菖蒲的历史悠久，从古代就作为蔬菜。鄷裕洹著《公元前我国食用的蔬菜种类探讨》（1960 年）书中载有菖蒲且为古代蔬菜保健珍品之一。

《本草纲目》载我国的菖蒲分为以下几类：生于池泽，蒲叶肥，根高二三尺者，泥菖蒲，白菖也；生于溪涧，蒲叶瘦，根高二三尺者，水菖蒲，溪荪也；生于水石之间，叶有剑脊，瘦根密节，高尺余者，石菖蒲也。现代普遍所指的菖蒲是石菖蒲。

《左传 · 僖公三十年冬》载："王使周公阅来聘，飨有菖歜。"据杜注云：菖歜，菖蒲菹。（作者注：菖蒲菹是古代菖蒲腌制的酸菜，切碎成丁，作为祭祀供品。）这一段文字的意思是：那时候的皇帝令周公闵来访问，宴请他的菜肴中有菖蒲菹。

《吕氏春秋 · 遇合篇》载："文王嗜菖蒲菹。孔子闻而服之，缩颎而食之，三年然后胜之。"（注：缩颎是不安的意思。）这一段的意思是：周文王爱吃菖蒲，圣人孔子听了，也去吃菖蒲。他很不安地吃菖蒲，吃了 3 年菖蒲，效果很好。

《周礼 · 天官》："朝事之豆，其实菖本。"据郑注云：菖本即菖蒲根也。这一段文字的意思是：在周朝早上祭祀的容器中，盛了很多菖蒲的根作为供品。

从上述文可以指出，我国三千年以前的远古时代，菖蒲已经是蔬菜之一，且作为祭祀用的供品。

我国传统文化习俗，菖蒲用于驱邪防疫，自古至今，每逢端午节，民宅中普遍挂菖蒲熏艾。民俗源远流长，菖蒲的保健功能也不容忽视。

菖蒲药用最早载于《神农本草经》，列为上品，归心、脾、胃经。并载："菖蒲补五脏，通九窍，出音声，久服轻身、不忘、不迷惑、延年。"用现代医学观点说，可以认为菖蒲有助于预防老年痴呆症。

石菖蒲可以防治雾霾中的"雾"（湿气）。石菖蒲味辛苦芳香性温，归心胃经，具有化湿开胃、开窍豁痰、醒神益智之功效。其辛可制风，芳香能醒心神、益智，善治耳鸣、耳聋之症，实乃开通耳窍之良药。《名医别录》谓石菖蒲"聪耳明目，益心智"。

中医药处方，菖蒲可以单用，也可配于复方中应用，皆取菖蒲芳香化浊、解毒、驱邪的功效。

《千金翼方》载："菖蒲服用能聪耳明目，益智不忘。用菖蒲浸酒，经常饮用，能益智养神，强健身体，祛病延年，菖蒲与它药配伍，则其保健养生作用更强。"

在现代出售的中成药中，最古老的安神补心药丸——天王补心丸，其药味成分中也有石菖蒲。

现代广西山区壮族人民也吃菖蒲根，把菖蒲根煮汁饮用，能清热降火，治咽喉炎等症。（平时把菖蒲根泡在盐罐中，使菖蒲根的药性渗到盐中。）

菖蒲自生于林荫涧边，富于野趣，更有清气。我国自古至今把菖蒲供作观赏用植物，尤其宜于作盆景。古人曰："菖蒲有山林之清气，无富贵气。"我国古代名人很欣赏菖蒲，汉武帝曾在宫中植蒲百株。苏轼和陆游也留下了吟咏菖蒲的诗文。民间热衷于欣赏菖蒲之风，至今不衰，尤其是江南、广东等地，甚至把种菖蒲、燃沉香、弹古琴、品普洱茶并列"江南四怪"。菖蒲剑叶青翠，芳香蕴异，栽培管理简易。在闹市宅中，公余之暇，亲手种几盆菖蒲，亦一乐也。将菖蒲栽入紫砂盆中，置于几块古砖之上，对此闲坐，俗尘渐消。真有"此间能静坐，何必在山林"之感。

第十九节 荷叶

荷是历史悠久的蔬菜和花卉,《诗经·郑风·山有扶苏》:“山有扶苏,隰有荷华(花)。”

荷的根、茎、叶、花、果实和仁,各部分在我国古代都有专门的名称。这些部分人们都予以利用,其中供作蔬菜或滋补品的主要有藕和莲子。

荷叶的色彩翠绿,亭亭玉立在山光水色自然景观领域中,发挥了出色的作用,所以有“莲叶何田田”“接天莲叶无穷碧,映日荷花别样红”等古诗的赞美。

其实荷叶的功效还有很多,荷叶是“药食同源”。荷叶有保健功能及药效,夏日荷池边闲坐,阵阵荷叶香吹来,有清心消暑功效。荷叶泡茶,有清凉解暑、降压、降脂和减肥美容的效果。荷叶更有防治雾霾的功效,对防治雾霾中的“雾”(湿气重、湿颗粒),可以选用荷叶 30 克,艾叶、石菖蒲各 10 克煎汤饮用,具有升清化湿、温肺逐秽的作用。

但是荷叶性凉,利尿,身体软弱或“寒性”体质者慎用。它具有文雅的清香,在我国古代直至近代食物烹调方面,荷叶也发挥了特殊作用。在蔬菜或主食烹调中,荷叶是一种香辛配料珍品,且有保健功效。

唐朝中期古人已有吃荷叶包饭的习惯。唐柳宗元的诗句:“绿荷包饭趁墟人。”(注:墟,古代福建、广东的集市贸易。)

自古至今杭州有一道名菜肴——荷叶粉蒸肉,食味鲜美,清香扑鼻,食罢难忘,就是用绿荷叶包裹肉等蒸成。

武汉人喜欢“粉蒸菜”,荷叶粉蒸肉、荷叶蒸鸡块等,酥软的肉块盖在荷叶上,荷香与肉香浸润在一起,软润爽清,油而不腻。还制成荷叶汤类(鸡汤、排骨汤、牛肉汤等),上桌之前,先将荷

叶散盖于敞开的汤罐上，使热腾腾的香气往上涌，终使汤味清香鲜美。

夏季爱吃荷叶粥，清凉解暑，益脾养胃，还可减肥。用荷叶可泡荷叶茶。荷叶为实用保健品，尤宜中老年人食用。

中医还推广荷叶菜肴食疗法，如荷叶陈皮鸡等。中医认为荷叶性平、味苦、归心脾经。具有消暑利湿、健脾开胃、醒脑明目和散瘀止血功效。现代营养学证明，荷叶含有荷叶碱等化学成分，具有清泻解暑，降脂减肥及良好的降血压作用。

荷叶粥制法

用洗净的鲜荷叶一张（重约 200 克）、粳米 100 克、白糖适量。先用米煮粥，将熟时，把鲜荷叶盖在粥上面，闷约 15 分钟，揭去荷叶，再稍煮即成。配料时也可以加一些绿豆、薏米等，以增强保健效果。

荷叶饭制法

先将粳米浸 2 小时，荷叶用开水烫洗干净，粳米放入荷叶中包好，入锅用大火蒸 15 分钟后取出备用。配饭菜肴，一般用香菇、肉丁和虾仁等，炒好后作为荷叶饭的配料菜肴。把已经蒸好的米饭，倒入炒菜肴的锅中，加入香油稍翻炒即成。将蒸米饭用的荷叶再摊开，然后将已炒好的饭倒入荷叶中，荷叶向内折叠包紧，扎住，荷叶饭入锅再用大火蒸约 15 分钟即成。

荷叶粉蒸肉制法

把五花肉放在酱油和香糯酒中浸渍后，拌以炒米粉、调料等，再用刚采下的鲜荷叶包裹，扎紧，放入蒸笼中蒸。

第二十节 艾

别名：艾蒿、艾叶、艾草；俗名：泥胡菜、猪兜菜（广西）。

艾是我国广大地区普遍生长的野生草本植物，它的适应性强，在海拔 50 ~ 3 280 米高处原野隙地等处都有。

我国艾的历史悠久，最早载于《诗经・采葛》："彼采艾兮。"由此可见，早在春秋时期，我国人民已经采艾利用了。

艾是菊科多年生草本植物，植株高 60 ~ 100 厘米，叶互生，绿色，长卵形，羽状分裂，叶背面密生白色茸毛。花淡黄色，小型头状花序，全部为筒状花冠，花序周围的花为两性花。

艾的嫩叶供食用，老叶制成艾绒、艾条，供针灸治病用。古代以荆州产的艾条质量最好，所以称为荆艾。（注：古代的荆州是现代湖北省黄冈市等。）

艾的茎叶有强烈的香气，含有挥发油，主要化学成分为黄酮、桉叶烷等。

中国的传统节日——端午节，民间室内都会悬挂艾草、熏艾叶、煮艾叶等，以艾叶等的香气驱虫、避邪、防病。北方农村儿童于端午节（俗称五月节）清早去田间采艾蒿，插满室内，并以艾治病，称为"神药"。

艾的药用历史悠久，用途也广，我国艾灸法在西周时期已经应用于皇家宫廷，为后妃贵族作治疗及保健。《诗经・采葛》载："彼采艾兮。"西汉毛亨和毛苌传释："艾所以疗疾。"可见艾灸疗法在春秋战国时代已颇为流行，到唐朝艾灸法广泛应用于临床治疗。艾灸法是应用艾炷、艾条熏灸病人的穴位，是芳香治疗法中的熏香法。

艾性温，味苦平，入脾、肺、肾经。有温经止血，散寒调经的功效，为妇科病常用药，又治老年慢性支气管炎及哮喘。

薰艾预防感冒，用艾叶薰房间的方法：每周用艾叶薰房间1～2次，对流感及其他的呼吸道病毒及细菌、真菌都能不同程度地杀灭或抑制。每1平方米的房间，用艾叶5～10克，薰30～60分钟即可。

中医药泡澡法：取艾叶40克，茵陈蒿40克用大火煮沸，再用小火煮10分钟，然后把药液混入洗澡水中，将全身泡水中5～10分钟，可以轻身健体，预防流感。

清朝吴仪洛著《本草从新》载："艾……通十二经，走三阴，理气血，逐寒湿……温中开郁，调经安胎……以之艾火能透诸经而除病。"可以说如果艾灸离开了艾，艾灸就不存在了。

鲜艾叶治毛囊炎及疖肿，初起时可用鲜艾叶煎水局部涂洗或温敷，有良好的消炎抗菌，促进炎症消退作用。这是因为鲜艾叶对金黄色葡萄球菌有较强的抑制作用。

河南等省民间传统土法治疗——热艾水治疗。将艾浸水中，煮沸几分钟，能散出阵阵香气。妇女或儿童用热艾水擦洗身体或泡脚，可以预防疾病及保健。当地妇女产婴儿以后第三天用热艾水给婴儿擦全身，产妇满月以后，用热艾水擦身或泡脚。

艾叶颜色翠绿，清香，常用于制传统糕点，尤其是清明节，民间必备艾叶青团、艾叶清明果，还制艾叶糯米糕、甜艾饼、香甜艾叶糕和艾叶煮鸡蛋等。

第二十一节 茭白

在上述多节中，已经述及我国古今供食用的调味用蔬菜（简称调料蔬菜），它们具有强烈的香辛气味，在烹调中虽然用量很少，却发挥了明显的调味作用。此外，我国还有一些蔬菜种类，它们少

香气，但是在菜肴烹调中，用量较大，发挥了显著的配料作用，增味添香且美色。这些蔬菜包括：茭白、竹笋、蒲。

古代中国的茭白

茭白这个名称是象形的，因为它的根部交结在一起，又因为它供食用肥大的嫩茎颜色洁白，故名茭白；古名为菰、苽、菰手、菰首、出隧、蘧蔬、蒋、蒋草、雕胡和菰米（茭白的种子）等；（注："雕"是猛禽，这种鸟爱吃茭白的种子。）俗名为茭笋、茭白笋、茭儿、茭儿菜（野茭白、茭瓜）和野米（菰米的俗名）等。

1. 古文献中记载的茭白

《尔雅 · 释草》（公元 220 ~ 265 年）中"出隧蘧蔬"指菰的萌芽，也就是俗称的"菰手"。郭注云：邃蔬，似土菌，生菰草中，今江东啖之甜滑者，毡氍毹者。这句话的意思是：菰首像野生的菌，生长在菰草中，现在江南人吃菰首，味甜且滑。

《广雅》载："菰，蒋也，其米谓之胡。"这句话的意思是："菰"（茭白）也称为"蒋"，茭白的米（种子）称为"胡"。《说文》载："苽"，雕胡，一名蒋，是其米亦称苽。这句话指出"菰"就是雕苽，又称为"蒋"，它的种子也称"胡"。

《广雅 · 疏注》："……唯菰米可以做饭。"古代菰米称为"六谷"，六谷是稻、黍、稷、粱、麦和苽等。所以古代把茭白的种子（苽米）作为六谷之一（六种谷类食物之一），菰米作饭，味香软滑润。

2. 古代茭白的食用方法

茭白是历史最悠久的蔬菜之一，中国在远古时代已经很重视茭白的食用，在各地食用茭白很广。周朝的官方还指导人民食用茭白的方法，并且载于史册。《礼记 · 内则》载："鱼宜菰。"这句话

的意思是“茭白炒鱼片”是美味的。《礼记·内则》是周朝官方指导人民日常生活（包括饮食等）的典籍，怎样烧茭白的技术被载于《礼记·内则》中，可见周朝政府重视茭白的食用方法。

在《礼记·内则》中，记述了不少调味蔬菜的应用方法。正如上文所述，在烧肉时“脍，春用葱，秋用芥”“豚，春用韭，秋用蓼”“脂用葱，膏用薤”等，这几段指示的语气都是记述的，是建议人民采用调味的方法；但是“鱼宜菰”的语气不是建议而是指示，是当时官方指示人民推广茭白炒鱼片的技术。由此可见，古代中国十分重视茭白的食用。

前人记载：隋大业中，“吴郡（苏州）献菰菜薹两百斤……和鱼肉甚美”。一直到现代，茭白炒鱼片仍旧是美味的家常菜，茭白更是烹调美味鱼片重要的配料。这件事指出，至少在二千三百年以前，中国已经会烧茭白炒鱼片了。也反映中国古人在美食技艺方面的聪明智慧。

古代食用的茭白都是野生的茭白，野生茭白的茭形细小，但是食味仍很鲜美。中国在古代已经重视茭白的食用，其原因探讨如下。

第一，古代以肉食为主，在肉食时，需要适当的调料或配料，以去除肉类腥膻味，增香添味，茭白是配料的良材，可以去除一些腥膻味，增香添味和“吊”出主料的一些鲜味。

第二，古代野味种类多，吃不同种类野味时，所用的调味料、配料不同。例如《礼记·内则》载：“食蜗醢而苽食雉羹。”这一句指出，古人在吃野鸡及田螺肉时，用茭白作为调料。

第三，烹调技术有了发展，同一种食物，如果应用不同的烹调技术烧，常常需要应用不同的调料。例如：吃生鱼片时，用芥辣作调料；炒鱼片时应该用茭白作配料。

第四，古代水资源丰富，野生茭白多，取材容易。

第五，古代缺乏蔬菜，那时没有栽培的蔬菜，叶菜类也很少，

多吃一些茭白，可以补充蔬菜食用不足。

在上文中虽然已经指出，茭白作为中国古代食用的重要蔬菜，至少在二千三百年以前已经有茭白炒鱼片，但是那个时期食用的是野生茭白，野生茭白的茭形很细，不粗壮，不能作为蔬菜佳品。须知菰的栽培技术比较复杂，古人也很难掌握，所以中国古代以野生茭白供食用的时期是很长的。

3. 茭白的栽培历史

汉代《西京杂记》（公元 5 世纪）记述西汉皇宫太液池中生长着“菰之有首者”，这里的“菰”就是原始型的野生茭白。“菰之有首者，谓之绿节。”由原始型野茭白（绿节），演变进化成为可以作菜用的肥壮的茭白，大约需要几千年的历史进程。在这数千年的历史进程中，中国勤劳智慧的农民、文人和学者竭尽心力在实践中不断探索将野茭白转化为茭白的栽培技术。首先探索清楚茭白可供食用的原理及茭白生长发育的过程，在这个基础上再进一步明确茭白栽培及选种留种技术。例如，古人韩保昇仔细观察研究了茭白生长的特性，记述“菰根生于水中，叶如蔗荻，久则根盘而厚……”。以后陈藏器、张翰思也作了有关菰生长规律的观察研究。宋朝药物专家苏颂详细总结了茭白的栽培方法，如何使茭白“孕茭”，避免产生“灰茭”之道，他记述“其根亦如芦根……削去其叶，便可耕莳……”“种法：宜水边深栽，逐年移动，则心不黑，多用河泥壅根，则色白（指茭白的食用部分）……”。

经过中国农民长期的实践和探索研究，到了汉朝初步掌握了茭白的栽培技术，唐朝茭白栽培的面积已经很广，甚至在黄河中下游地区也多茭白田。

到了宋朝（尤其是南宋），中国茭白生产发展更大，茭白的品种多了，栽培技术、选种留种技术显著提高。宋朝吴自牧著《梦粱录 · 菜之品》（公元 1206 年）记述，当时杭州市场上已有大宗茭白

商品出售，江南苏杭地区已经成为茭白大产区。根据吴道静考证，野茭白经过长时期的选育，终于在南宋江南水乡被育成供作菜用的茭白笋。

古代的茭白常常野生于大型湖边。茭白的株型高大，生长繁茂，绿叶丛生，不论微风或狂风吹来，不断地摇动，丛丛绿叶，荡漾于水波中，令人悦目。所以茭白对于绿化、美化湖光山色大自然美景也有贡献。我国古代诗人，既欣赏茭白之美味，也很欣赏在湖光山色大自然中茭白亭亭玉立、随风摇动的美景。

4. 唐宋诗人咏茭白的诗

白居易《江南喜逢萧九彻因话长安旧游戏赠五十韵》："红叶江枫老，青芜驿路荒。野风吹蟋蟀，湖水浸菰蒋。"张泌《洞庭阻风》："空江浩荡景萧然，尽日菰蒲泊钓船。青草浪高三月渡，绿杨花扑一溪烟。"以上两首诗指出，唐代野生茭白常常生长在洞庭湖等大湖边，不论是狂风巨浪或朔风怒号，茭白始终顽强屹立，也说明在唐朝黄河中下游地区多茭白。

杜牧《早雁》："须知胡骑纷纷在，岂逐春风一一回。莫厌潇湘少人处，水多菰米岸莓苔。"杜甫《秋兴八首（其三）》："波飘菰米沉云黑，露冷莲房坠粉红。"上述两首诗指出，唐代的大湖边不仅多茭白，而且还多菰米。

以下几首唐诗叙述了菰米煮饭即美食。李白诗："跪进雕胡饭，月光照素盘。"杜甫诗："滑忆雕胡饭，香闻锦带羹。"（注："锦带"，谓"锦带羹"，即"莼羹"。）这首诗指出，菰米饭味滑且糯，正好像莼菜羹味香且美，菰米饭和莼菜羹一样可贵。南宋陆游诗："稻饭似珠菰似玉。"这句诗意是：菰米饭像碧玉那样珍贵。由此可知，菰米到南宋时已经很少了。

近代中国的茭白

1. 茭白的形态及生长发育

茭白是禾本科多年宿根浅水性草本植物，植株高 1.4 ~ 2 米，须根发达，主要分布在 30 厘米以上的土层中。地上茎矮缩，有一部埋入土中，发生分蘖 12 ~ 13 个，茎丛生壮，俗称“茭墩”。地下匍匐茎先端数节的芽向上抽生分枝，俗称为“游茭”。叶片长 100 ~ 140 厘米，叶鞘互相抱合，形成假茎以后，茭肉就在假茎中膨大。叶片和叶鞘相连结处是三角形的叶枕，俗称“茭白眼”，此处容易遭病菌侵入。

当茭白进入生殖生长期，主茎和第一分蘖抽生花茎，抽生花茎以后，因为受黑粉病病菌侵入、寄生和刺激，其先端数节呈畸形膨大，成为肥嫩白色的肉质茎，俗称为“茭肉”。肉质茎一般呈梭形，长 23 ~ 28 厘米，这是指生长正常的肉质茎，产生肉质茎的过程称“孕茭”，能产生正常肉质茎的茭白植株是“正常茭”，俗称“真茭白”。

如果茭白植株中不被黑粉病病菌侵入，或者黑粉病病菌在茭白体内的生长受抑制，这种茭白植株仍旧能够正常地开花，但不能孕茭，便成为“雄茭”。反之，黑粉病病菌侵入茭白植株以后，其活动特别旺盛，病菌繁殖快，使茭肉完全变为黑色粉末状，这种茭白称为“灰茭”。所以，茭白栽培技术的关键是严格防止产生“雄茭”和“灰茭”，并且促使多生产肥大的正常茭。

上述三种茭白的形态区别如下。

正常茭　植株较矮，生长势中等，叶片阔，心叶明显短缩，叶色较淡，茭肉膨大时，假茎一侧的叶鞘裂开。

雄茭　植株高大，生长势旺盛，叶片较宽，其先端下垂，茎不膨大，花茎中空，薹管较高，一般在夏茭田中易产生。

灰茭　生长势较强，叶片较宽，叶色深绿，叶鞘带黄色，不裂开。茭肉较短，内有多数黑色粉末，一般在秋茭田中易产生。

2. 茭白的特性及发育阶段

茭白喜温暖湿润的气候条件，宜富含有机质的黏壤土水稻田；如果是非专业经营，也可以利用湖边、池边等地栽培。

茭白的生育过程可以分为下列 4 个阶段：

萌芽期 从发芽到 4 叶期，萌芽始温为 5℃，适温为 15 ~20℃。

分蘖期 适温为 20 ~ 30℃。

孕茭期 适温为 15 ~ 25℃。

休眠期 5℃以下，茭白的叶全部枯死，进入休眠期。

应该根据不同的生育阶段，掌握水层深浅等田间管理工作。

3. 茭白栽培技术

茭白是中国特产的水生蔬菜，在越南也有茭白栽培。现代中国茭白生产分布很广，北起哈尔滨、河北，南至广东、台湾，但是以长江流域为茭白主产区，南方广东、云南等省茭白生产也较广。江南太湖地区，尤其是无锡、苏州和上海青浦等地，茭白品种资源丰富，栽培技术精细。

中国茭白栽培技术的特点是精耕细作，这也是中国蔬菜栽培技术特色之一。以下以江南地区为例，简介茭白栽培技术。

（1）品种

茭白的品种较多，不同的品种适于茭白不同的栽培型。以太湖地区为例，适于双季茭栽培的茭白品种有梭子茭（杭州）、中介茭（无锡）和青练茭（上海青浦）等；适于单季茭栽培的茭白品种有一点红（杭州）、象牙茭、蚂蚁茭（杭州）和小发梢（上海青浦）等。

栽培型 分为单季茭和双季茭两种栽培型。

单季型 一般于春季栽培以后，到秋季采收 1 次。

双季型 第一次采收以后，可以再采收 1 次。第一次在 9 ~ 10 月采收，第二次在第二年 5 月中旬至 7 月中旬，又可以采收 1 次。

（2）栽培方法

育秧 整理好秧田，将茭株按33厘米见方距离插入秧田，掌握水层深浅适度，秧田中追肥2次。

定植 大田施足基肥，精细整地。4月中旬定植茭秧，行距80厘米，株距60厘米。每1 000平方米，一般栽2 200穴茭秧，每穴栽4～5株。

田间管理 5月中旬施分蘖肥，7月中旬施接力肥，8月底至9月施孕茭肥。水层调节，掌握浅水栽植、深水活棵、浅水分蘖、中后期加深水层及湿润越冬等水层深浅控制的原则。

病害防治 茭白的病害有胡麻斑病、锈病和纹枯病，虫害有大螟和二化螟等，应及时防治病虫害。

适时采收 采收标准是茭肉明显膨大且稍露出，叶鞘一侧略散开。采收期主要是5～6月，8月下旬至10月上旬。一般每5～7天，盛产期每2～3天采收1次。传统栽培的茭白，亩产一般为2 000千克。

茭白采收以后，田间会堆满残株废叶，一度成为环保上的大问题，上海青浦茭白产区的菜农设法将茭白废叶等编织利用，生产出多种编织工艺品，实现茭白综合利用。

选种、留种 茭白必须严格选种、留种，以防种性退化，出现灰茭与雄茭。施蛰存教授著《云间集》载："吾松（我们的松江）茭白，初无所异，且昔时经济价值不高，菜农所不贵，几乎野生，多空心者，灰斑者。近年（指20世纪50～60年代）农艺大有进步，小蔬亦培育不遗余力。迩来所产，殊为甘美，始不负江东步兵眷眷之意。菰实谓之菰米，又曰雕胡，可以做饭，亦频见于骚诗，则今所不闻。"（注：松江是茭白大产区，松江古名云间，《云间集》是记述松江乡土风情的小品文集。）

上海青浦盛产茭白，有一套成熟的茭白选种、留种技术。选种标准为：植株生长中等，整齐一致，叶鞘微下垂，叶色绿；薹

管较短，一般为2～3节，孕茭部位较低；孕茭期早而整齐，采收期集中；分蘖中等，丰产；茭肉形状粗壮，乳白色，品质细嫩，不易变青；抗性强，无病虫害，无灰茭，雄茭；四月茭更要求早熟。具体方法和程序为：夏、秋茭一般采用“墩株选种法”，第一年选种性一致，丰产的优良“茭墩”，第二年反复选优株去劣株；四月茭一般采用“小茴茭”选种法，反复选出结茭早的优良茭苗，繁殖快，效果好。

（3）茭白的食用方法

茭白是具有中国特色的蔬菜，也是营养较丰富且有保健功效的美味蔬菜，在每100克鲜茭白的食用部分中，含膳食纤维1.3克、碳水化合物3.7克、钾147毫克、磷33毫克以及维生素、硒等。

茭白笋在未成熟以前，它的氮是以氨基酸的状态存在。所以茭白不仅品质柔软，还食味鲜美。自古至今茭白为中国人所喜食，南北都喜，老幼皆宜。它也是自古至今美食菜肴等的主要配料。近代中国还有少数野生茭白，俗称“茭儿菜”，虽然茭形细小，但其食味也很鲜美。

古今茭白的食用方法很多，在上文中指出，周朝已经普遍烹制茭白炒鱼片、茭白炒野鸡等。不仅可以除去一些鱼类肉类的腥膻，也可添味增香。茭白炒鱼片现在仍旧是美味的家常菜，而且近代又衍生出茭白炒鳝丝等。

清朝美食家袁枚很重视茭白的食用，在他著的《随园食单》中记述：“茭白炒肉、炒鸡俱可，切整段，酱醋炙之尤佳，煨肉亦佳。需切片，以寸为度，初出太细者无味。”茭白可以炒多种荤菜，也宜炒素菜，是具有“百搭”功效的食材，在市场上缺乏竹笋的季节，茭白更可以代替竹笋，成为“百搭”调味良材。此外，茭白也可以作汤、凉拌、用于面食等，也可用于腌制、干制、速冻等加工制品。

中医认为，茭白气味甘，无毒，除烦利尿，清热解毒，催乳降压。茭白的膳食纤维促进肠道蠕动，可以预防便秘等肠道疾病，茭

白中含脂肪低，因此有改善肥胖症、高血脂血症作用。茭白宜供黄疸型肝炎病人及产后乳少的妇女食用。

（4）关于菰米（茭白米、野米）

菰米是茭白的种子，俗称“野米”。菰米非常珍贵，以菰米做饭，口味香且滑软很美，所以中国古人爱吃菰米。

据《广雅》（公元前300～前200年）载：“菰，蒋也，其米谓之雕胡。”又《说文》载：“苽，雕苽，一名蒋，是其实称苽。”（作者注：“雕”是一种猛禽，它爱吃菰米。古代“胡”与“菰”为同音，所以“雕胡”也就是“雕菰”，它的意思是猛禽雕爱吃的茭白种子。）

秦汉时代把菰米称为“六谷”之一，“六谷”是稻、黍、稷、粱、麦和菰。菰米煮饭味香且软滑，所以在唐朝以前菰米是珍品，平民（一般老百姓）不得食用。但是从宋元以后菰米就很少了，以后菰米几乎绝迹。

现代施蛰存教授也很欣赏菰米的美食，不过他也指出，现代菰米已消失了。为什么宋元以后菰米很少，几乎绝迹了？

一般认为菰米消失的原因是成熟期晚、容易脱粒、产量低、采集困难。上述解释虽然有理，但是不能够全面清楚地说明宋元以后菰米消失的原因。

作者认为，上述解释不够全面，菰米的产量低、采集困难等是事实。在唐朝甚至秦汉时代，菰米的产量也很低、采集也困难……那么在唐、秦、汉时代为什么菰米并未消失，而且还很多呢？

菰米在宋元以后，逐渐消失应该和宋朝中国茭白生产迅速发展有关。正如上文所述，我国到南宋时茭白生产大发展，产量高、品质好、经济效益高。茭农经营的重点当然由菰米生产转向茭白笋生产了。在这种情况下，宋元以后菰米逐渐消失了。近代中国菰米虽然已经消失，但是在美国、加拿大的冰湖地区，还有很多野生的菰米，当地印第安人乘着小木船去大湖边采集菰米。中外人士都爱吃菰米，并且烹制多种美味的菰米饭，菰米菜肴。

第二十二节 竹笋

竹笋也是中华料理中主要的调味料配料，有助于各色菜肴增鲜添味。

竹笋不仅味美，有的品种还有香味，受到历代古人的好评，唐朝韦应物诗："新绿苞初解，嫩气笋犹香。"白居易认为竹笋是蔬菜中的第一品位者。李笠翁《闲情偶寄》曰："笋，此蔬食中第一品也，肥羊嫩豕何足比肩。"意思是：笋是菜类中最美味，肥羊肉嫩猪肉都不能和它相比较。我国古人咏竹笋的诗也多。苏轼《初到黄州》诗云："长江绕郭知鱼美，好竹连山觉笋香。"白居易《食笋》："此处乃竹乡，春笋满山谷。"

上海佘山有一种兰花笋，清朝乾隆皇帝下江南品尝兰花笋的香气与美味，大为赞赏，至今传为佳话。

《周礼·天官》："加豆之实，芹菹、兔醢、深蒲、酝醢、箈菹、雁醢、笋菹、鱼醢。"这一段的意思是：周朝在祭祀的容器中，盛了雁肉，用小竹笋菹作调料。又盛了鱼肉，用竹笋菹作调料。总之，古代无论是烧野鸟或烧鱼时，常用竹笋作调料。

竹笋，俗名为"百搭"，因为它味鲜美，可用于多种菜肴的配料。可以炒食、煮食、作羹、作汤等，其著名家常菜肴有炒二冬（冬笋、冬菇）、雪菜炒春笋、油焖笋、春笋雪菜豆腐、纤笋炒鱼片、春笋炒腊肉、春笋焖鸡爪、剁椒春笋、春笋土豆煲、四鸭春笋汤、春笋排骨汤和竹笋鲫鱼汤等。竹笋也用于面食，杭州著名汤面"咸菜片儿串"，所谓片儿串，其中有笋片。

竹笋有多种加工制品，包括干制、腌制等。其加工制品为笋干菜、笋脯、玉兰片和油焖笋等。加工制品也常用作菜肴的配料，例如笋干菜，味美、香气浓，可以供作汤或烧肉等。

山中野生的小竹笋，经腌制加工以后成为扁尖（商品名），炎

夏煮冬瓜扁尖汤，扁尖柔嫩可口，汤极鲜美，实为廉价美味消暑佳品。笋富含粗纤维，可促进肠胃蠕动及通便，且有助于护脾胃，降肝火。

第二十三节 蒲（蒲菜）

蒲，现代称为蒲菜，俗名为香蒲、蒲草、蒲白等。蒲为香蒲科香蒲属的多年生水生草本植物。蒲主要用作蒲席，只有我国蒲作为蔬菜食用，市场上出售的蒲菜就是香蒲的嫩茎。蒲的食用部分主要是由叶鞘抱合而成的假茎，菜肴有以往山东大明湖的名菜——蒲儿菜。

蒲是我国的特产，也是我国历史悠久的蔬菜之一。古代的蒲菜都是野生的，近代我国的蒲菜主要是野生的，但已有少量人工栽培的。

《诗经》中有很多咏蒲的诗。《诗经·陈风·泽陂》:“彼泽之陂，有蒲与荷。”《诗经·大雅·韩奕》:“其蔌维何，维笋及蒲。”

《尔雅·释草》:“菜谓之蔌。”这一句话的意思是：那边有什么蔬菜呢？那边有笋及蒲。可见古代把笋与蒲都作为蔬菜。

据陆玑诗疏云:“蒲始生，取其中心入地，蒻大如匕柄，正白，生噉之，甘脆。”这几句的意思是：蒲菜初生长时颜色洁白，生吃，味甜且脆嫩。所以古人早已指出蒲的美味。

远古的蒲不仅作为蔬菜，而且用为祭祀供品的调味料——蒲菹。《周礼·天官》:“加豆之实，芹菹、兔醢、深蒲。”意思是：在祭祀的容器中，放入兔肉作供品，配以水芹腌酸菜、蒲腌酸菜作为调料。

蒲的食味鲜美，直到近代我国仍有一些蒲的名特产区，例如杨

淮水乡、山东济南及云南建水等地。清朝郑板桥咏蒲菜诗云：“一塘蒲过一塘莲，荇叶菱丝满稻田。”此诗就是赞美江南水稻乡蒲塘的盛景。

蒲的口味嫩滑清香鲜美，近代在我国一些地区还有蒲的名特菜肴或点心，例如扬州的蒲菜涨蛋、济南奶汤蒲菜及江苏淮安的蒲菜水饺等。蒲菜烧家常菜的方式也多，可以清炒、烧肉、凉拌、煮开洋蒲菜汤等。

蒲的花（花序）形似蜡烛，俗称“蒲棒”或“水蜡烛”，其花粉称为“蒲黄”，有药效。蒲黄是止痛药，《本草纲目》载：“蒲黄味甘，逐瘀止崩；止血须炒，破血用生。”

第二十四节 荆芥

别名：假苏；俗名：西方芥、姜芥。

荆芥，是唇形科一年生草本植物，是历史悠久的香草植物之一，植物学上认为它是罗勒属的一种。（但是有争议，河南人不知罗勒为何物。）

根据下文的考证，荆芥原产中国及日本。中国的荆芥分布于河南、安徽及江西等省，河南省的荆芥闻名于全国。

荆芥是我国历史悠久的香草植物，并且在古代已供药用。我国最早载有荆芥的古医书是《神农本草》。此后，东汉“中医之圣”张仲景医书中也载有荆芥（书成于公元 150 年左右）。

在古籍《山海经》（公元前 475 ~ 前 221 年）中曾经记载黄帝战蚩尤的神话，据考证这则神话的内容实际记述了轩辕黄帝利用香草防治了流行可怕的传染病——瘟疫。根据作者考证的结论指出，黄帝应用能驱蝇治病的香草类是河南的“十香菜”（现代植物学名为

皱叶留兰香）等香草植物，其中也包括荆芥，荆芥的香气浓烈，“蚊蝇不落、虫害不生”。（参见本书第五章第三节中的“河南十香菜名称和历史考证”。）由此可见，荆芥是我国历史悠久的香草植物之一，并且在古时已经被医用。荆芥的历史及其供作药用的历史远比薄荷等香草植物早，同时也证实了荆芥无疑地原产中国。

荆芥与罗勒、九层塔形态的区别在于：荆芥的叶片较小、较狭，先端较圆钝，宽 2 厘米，叶绿色较淡；罗勒的叶片基部阔大、先端锐尖，长 3 ~ 5 厘米，宽 3 厘米，叶绿色较深；荆芥的植株较矮，罗勒的植株较高；而九层塔是中国台湾产的一种罗勒，因为它开花时先后成层开花，所以称为九层塔，是当地的乡土香辛调料；荆芥和九层塔的形态很相似，但是九层塔叶边缘的锯齿较荆芥明显，两者的香气差异也大。

荆芥的茎叶具有强烈的清香，自古作为香辛蔬菜，也兼作药用。荆芥茎直立，高 50 厘米，径 3 ~ 4 毫米，绿色，横断面四棱形，分枝多。叶对生，长卵圆形，先端渐尖，全缘，长 4 厘米，宽 2.5 厘米，绿色，叶背面颜色较淡。茎及叶被细茸毛，具浓郁的香气。夏季开花，花茎上分层着生轮伞花序，形成上下连续的顶生假总状花序。花小型，花冠唇形，紫或白色。（但民间栽培的荆芥，因为多次摘叶供食，一般不开花。）果实小，长圆形，黑褐色。种子成熟以后，茎叶枯死。

荆芥喜温，不耐寒。喜光、耐旱、忌涝。对土壤适应性广，病虫害少。

荆芥的栽培技术简易，春季撒播，出苗以后，可间苗供食。成株以后，分次摘叶供食，一般可采收至 9 月。

荆芥具有浓烈的芳香，民间也有“蚊蝇不落，虫害不生”的传说。

荆芥药用最早载于《神农本草》，以后又载于东汉张仲景《金匮要略》。荆芥的茎叶及花梗，是中医治疗感冒的常用药，它适用

于中医的风热感冒和风寒感冒。有消食、健胃、发汗、祛风和解表的功能。现代医理证实，荆芥有解热作用，因为它能旺盛皮肤血行，增强汗腺分泌的缘故。荆芥的种子可入药，有清肺止咳等功效，还可煮成药粥（荆芥、薄荷、粳米），有发汗解表、清利咽喉等功效。

荆芥也可供作庭院观赏栽培。荆芥的嫩茎叶供作菜用，在食用荆芥闻名的河南省，常在庭院或菜园中种几株荆芥，随时摘食，新鲜又美味。

荆芥的食用方法很多。农村中常常摘取荆芥叶，裹以葱作为香辛调料食用。也常用于凉拌，凉拌的方式也多，一般用于拌蒜泥、盐、麻油，或拌以黄瓜、辣椒丝、调味料等。

作为熟食菜肴的调料，例如著名的家常菜河南热豆腐，上面总要加点荆芥叶，以增色添味；烧牛羊肉时，也必须加一些荆芥以去膻味。此外，也用于汤、羹、面条或馄饨等的调料，或加入饺子的馅料中。

关于河南荆芥的食用方法，及我国食荆芥的历史，近期《解放日报》载有马思源写的“食有味”一文，今摘录如下:“荆芥生中原，矮丛，翠绿，味香，微辛。夏天一到，不分城乡，无论老幼，掐把荆芥来，菜全有了。儿时常食荆芥，夏伏暑气蒸腾，母亲拍了黄瓜，捣了蒜泥，采荆芥最嫩叶拌了。荆芥香、蒜香、瓜香，香香入心肠。”

近期有一篇文章报道，宋朝中原“吃过大盘荆芥”意为“能混世面”。是说盖有宋一朝，都城汴京（开封），东京梦华，世界繁都，述职、买卖、赶考或旅游，各色人的络绎不绝。汴京城饭铺内和小吃摊，荆芥遍及，京城引时尚、味道独美之荆芥，为京城内见世面的代名词。

开封人食荆芥源远流长……开封教授尚荆芥，生啖熟食或盐渍、津津有味。盐渍吃法味尤美，新鲜荆芥摘了，盐粒搓揉，放盒中罐中腌渍，待色变味咸，主妇手持木筷夹起置盘中，或切碎或整

棵，滴几滴小磨香油，就粥、就米饭，自有人间仙味。

作者老家豫东的一种吃法，摘荆芥嫩叶，入汤面，面筋汤清，荆芥深绿，熟荆芥细嚼，香味浓烈，面和汤也染了独特之香，唇齿之间有薄荷清凉什锦浓香。

[注：根据上文还可以指出，河南人爱吃荆芥，习惯吃荆芥，还有历史的根源，宋朝京城在开封（汴京），当时是十分热闹的，荆芥是当时开封城的“时尚名菜”。]

第二十五节 河南十香菜（皱叶留兰香）

古名：薌（芗）、黄帝芗草；别名：麝香菜，十香菜。

根据《河南植物志》，河南十香菜的植物学学名是皱叶留兰香，与薄荷为同一类香草植物。

十香菜是唇形科多年生草本植物，茎直立，易分枝，略呈匍匐状，株高40厘米。茎带紫色，方形。叶对生，叶片绿色，长4厘米，近椭圆形，叶柄极短，叶面多皱褶，叶缘锯齿状，叶及茎部有浓香。因为河南民宅中的十香菜不断采摘食用，故不开花。

“芗”载于《周礼》与《礼记》，这两本古籍指出，十香菜和紫苏在周朝都已用于调味。因此至少在公元前1 500年左右，十香菜已经在中国供食用了。十香菜又名“黄帝芗草”，黄帝时代曾经应用这种香草治病，则十香菜的历史又可上溯到距今约五千年的黄帝时代。

十香菜香气奇特，在河南省食用的多种香辛叶菜类中，是香气最奇特的。故河南省无人不吃十香菜，无论农村或城市，宅前屋后等处都种十香菜，其分布之广、为民所乐，由此可见。

十香菜有奇香，蚊蝇不落，因此它有明显的避蝇功能。所以，

在夏季冷食中广泛使用，并且已经在西安等城市的夏季冷食摊中广泛应用（作者曾经在西安亲眼见到）。

十香菜是河南特色的香辛叶菜，在河南它是很常见的，却又很独特。荆芥和十香菜，河南人走到那里，也不会忘记这两种香辛调味菜。现在荆芥已经不仅是河南民间小菜，它也常在高档餐厅出现；而十香菜只能品尝其味，却未能见其形。它的出现，常常是以捣碎的酱汁儿，出现在冷菜、捞面中。河南本地大部分家里都种十香菜。此物蚊蝇不落，虫害不生，清而不浅，香而不腻。

河南人夏季把十香菜作为调料，每天食用，清香解暑。说它常见，是因为河南人都知道这种菜。说它独特，是因为几乎没有菜市场能买到这种蔬菜。河南人通常把它种在门前屋后的空地中，或自家阳台的花盆里。换句话说，十香菜不是在市场流通的商品菜，它是河南民间“自产自销”的特色小品蔬菜。

十香菜虽然是河南人常吃的菜，但是在中国的蔬菜园艺书籍中，始终没有记载。

十香菜性温、味辛。入肺经及肝经。成分含有1.8%的挥发油，健脾消食、利尿通便，有强身健体、醒脑开智的功效。可以除口臭，还可以外敷，将十香菜叶擦于蚊叮处，能够很快地止痒。

十香菜食用方法较多，河南人夏季吃蒜面条的比较多，人们在吃面条时，把蒜和十香菜叶一起捣碎，拌在面条里，风味很好，有一股淡的薄荷香味，非常爽口，十香菜是蒜面条经典的调料。河南人拌面的“酱汁儿”有些讲究，放几瓣大蒜，一小撮十香菜、紫苏、藿香的嫩叶，加适量的盐，捣成蒜泥放在碗中，再加些醋、麻油、适量的水兑成酱汁儿（河南人叫“蒜汁儿”），用这种“蒜汁儿”拌面，清香，大开胃口，对于炎炎夏季更有利于消暑。

十香菜和蒜茸等配料捣碎，加醋、麻油、拌食面皮、凉皮、冷面、凉菜等。在饺子、包子馅中加入十香菜，可除去膻腥味，使美食肥而不腻。

十香菜拌豆腐是河南民间名菜，取十香菜嫩叶，最好再加香椿、蒜茸、辣椒等，切碎作调料。嫩豆腐切成小块，稍煮以后放在碗中，再加入十香菜调料，拌食，味美香浓。

此外，粳米煮粥时，在粥将煮成时加入十香菜，味香美，又可去除口臭。

河南地区民间种植十香菜，因为采摘多，不开花，所以用分株、压条法繁殖。从春到秋季采摘嫩叶食用。十香菜也可以盆栽，放在室内供观赏，它所散发的香气，有益于保健。

河南十香菜是重要的、特殊的香辛蔬菜，可惜我们目前对河南十香菜的研究还很少，今后应该加强研究，并进一步开发与利用。

留兰香

别名：绿薄荷、香薄荷、荷兰薄荷、鱼香草。

留兰香是唇形科薄荷属的多年生芳香草本植物，它的种类很多，中国栽培的留兰香种类除皱叶留兰香以外，还有圆叶留兰香、柠檬留兰香、欧薄荷和唇萼薄荷。

留兰香在日均温高于5℃、土温达2℃以上时，留兰香的芽开始生长，生长适温为25～30℃，喜光，喜湿润。适宜在中国亚热带季节地区生长，宜带沙质微酸性土壤。中国分布于河南、河北、浙江和云南等省。一般于早春分株繁殖。

留兰香鲜叶中含粗蛋白质、维生素C等营养物质。它的主要化学成分为葛缕酮、苎烯和二氯葛缕酮等。留兰香植株中含芳香油，称留兰香油（或称绿薄荷油），其主要成分为香旱芹子油和菇酮等。

留兰香性微温，有祛风、散寒、止咳、消肿、解毒、止胃痛及腹胀的功效。可治神经性头痛和目赤红肿等症。

第二十六节 藿香

古名：合香、苍告；别名：山茴香；俗名：排香草、土藿香、大叶薄荷、青茎薄荷、广藿香（中药名）。

藿香是唇形科藿香属多年生草本植物。茎直立，高 1 ~ 2 米，粗 7 ~ 8 毫米，断面四棱形。叶对生，绿色，长圆披针形，先端尖，有叶柄，边缘锯齿状。夏季开花，轮伞花序，成为顶生密集的穗状花序，花冠唇形，花色淡红或青紫色。小坚果圆形，褐色。茎及叶具强烈的芳香，胜于薄荷，在北方地区唇形科多种香草植物中，藿香的香气可说是仅次于“十香菜”（留兰香）。

藿香供药用或菜用，河南民间认为两者的植物形态基本相似，但药用藿香叶色较深，菜用藿香叶色较淡。中国的藿香主要分布于江苏、浙江、河南、四川和湖南等省。此外，也分布于朝鲜、日本、俄罗斯及北美洲。

藿香喜温，在年平均温度 19 ~ 26℃的地区较宜生长，也喜湿润多雨。藿香用播种或分株法繁殖，一次繁殖以后可以连续采收多年。一般冬季地上部分枯死，次春再萌芽。

藿香药用最早载于魏晋陶弘景《名医别录》。藿香味辛，性温，归脾胃肺经，具有解表散寒、芳香化浊、行气和胃的功效，是解暑的良药。近代民间有轻度感冒时，服食藿香粥以后，可以缓解病情。藿香是一味主要的中药，但也可菜用。藿香所含的营养物质丰富，是高蛋白质、高维生素、高钙的蔬菜。每 100 克鲜菜中含蛋白质 8.6 克、维生素 A 6.38 毫克、维生素 C 23 毫克及钙 580 毫克。

藿香药用可以说是众所周知，其实藿香嫩茎叶也可以作菜用。藿香叶清香爽口，它也是我国民间历史悠久的美食佳品。现代在我国北方民间庭院中，还常常种几株藿香，不仅供作观赏，还可以采摘嫩叶供食，新鲜爽口。

藿香菜用方法一般是洗净切碎，加入盐、蒜泥等调料，撒在面条上，也可以放入饺子馅中，作为调料，炒食或炖食。藿香炒鸡蛋的风味并不亚于香椿炒鸡蛋，也常用于烧鱼、煮蟹等。

藿香煎饼是民间家常名点，煮粥时加入藿香叶，不仅可口，且有预防感冒功效。夏天泡茶时，加入藿香，香气浓，还可以防暑。在国外，藿香常常作为西餐冷盘的配料，也作为糕点、粥品的调料。

广藿香是我国著名的中药“南药之一”。根据南京农业大学中药研究所的考证，广藿香原产地是菲律宾、马来西亚及印度等国，我国广藿香最早记载于东汉杨孚《异物志》，中国引种的时期在南北朝南梁以前。

《昭陵文选》（公元 502 ~ 557 年）载：“草则藿蒳豆蔻。”这一句的意思是：那时候的香草植物有藿香、蒳及豆蔻。又引用《异物志》注云：“藿香交趾有之。”这一句的意思是：藿香（指广藿香）在越南生产（越南古名交趾）。

由此可知，我国在东汉（公元 1 ~ 3 世纪）已经有广藿香，它是从越南等地引进的。我国的广藿香主要分布于广东、云南、河南、河北、安徽、新疆、辽宁、吉林和西藏等地。

第二十七节 薄荷

古名：苛；别名：番荷菜、菝蔺；俗名：银丹草、田野薄荷、仁丹草（因为能解暑）。

薄荷为唇形科薄荷属的多年生草本植物，原产中国、日本及朝鲜，在云南省开远等地有野生种。薄荷在世界各国栽培很广，主要产于日本和英国等国家。中国以江苏、浙江、云南、江西等省栽培更广。

据《雷公炮炙论》载:“薄荷，古名苛。”（苛的字义是小草。）古代将薄荷作菜用，所以在唐朝以前以之作蔬，不作药。在《神农本草》和《名医别录》等古医书中都未载薄荷，唐朝以后薄荷作为药用。

（1）薄荷的类型

薄荷容易发生杂交或变异，所以世界上薄荷的类型和品种很多。按照花梗的长短，薄荷可以分为长花梗和短花梗两大类型。

短花梗类型 花梗很短，为轮伞花序。中国栽培的薄荷，主要属于这一类型。

长花梗类型 花梗高出植株之上，为穗状花序，欧美国家的薄荷，大多数属于这一类型。

中国栽培的薄荷，除了中国薄荷以外，还有皱叶留兰香、柠檬留兰香、圆叶留兰香和唇萼薄荷。

（2）薄荷的形态和特性

薄荷株高 30 ~ 60 厘米，茎直立，或略匍匐生长，断面四棱形，红色或绿色，分枝多。叶对生，深绿色或红色，卵圆形，长 8 厘米，宽 4 厘米，叶面多皱纹，边缘深锯齿状，被细茸毛，叶柄短。轮伞花序或穗状花序（因品种不同），花冠唇形，浅紫色，极小，菜用薄荷常常采摘嫩梢，故不结子。

薄荷有强烈的清香，且含有薄荷油，其主要成分为薄荷酮和薄荷醇。薄荷喜温，生长适温 20 ~ 30℃，喜湿润，但忌涝，耐阴，宜作果园等间作物。薄荷虽然可以播种繁殖，但是生产上多采用分株繁殖法，也可以用根茎繁殖或扦插繁殖法。薄荷的种子常常会自己落地生根，成为野生新苗，这样就不需要人工繁殖。

（3）功效和食用方法

薄荷是中药材，唐朝以后的《本草纲目》《本草新编》《本草备要》等医书，均载有薄荷。薄荷有消暑、解热驱风、发汗、化痰和止呕吐等功效。薄荷的香气可以抑制流感。将薄荷叶揉软擦眼

睛（眉）的上方，有清凉、明目、提神的功效。薄荷是醒酒醉及解暑良药。据研究，丁香和薄荷比红葡萄酒更有保护心脏的功能，可降低心脏病和脑卒中风险，因为薄荷中含有更多的多酚类抗氧化物质。

薄荷的嫩茎叶有强烈的清香，在中国及外国都广泛用作香辛调味菜用，尤其是吃牛羊肉必备的香草调料。在烹饪肉类时，加入几片清凉甜香的薄荷叶，就可以除去腥膻味。我国西南地区天气潮湿炎热，当地人必备薄荷食用，尤其是云南省南部回民多，当地人酷爱吃薄荷，广西山区壮族人民爱吃薄荷炒肉片。

炎夏季节薄荷是清凉解暑佳品，这时期我国各地广泛食用薄荷供作饮料或菜肴，食用方法包括薄荷茶、薄荷桑菊饮、药汤、薄荷粥及薄荷豆腐等菜肴。贵州酸鱼汤、四川豆花和广西米粉都是当地名菜，其中都必需薄荷。

薄荷茶制法 平时将薄荷叶洗净、晾干、备用。炎夏时取几片干或鲜薄荷叶，放入茶杯中，加入少量的蜂蜜或白糖，将开水慢慢地注入杯中泡制，待稍冷以后可供饮用。

薄荷粥制法 先把几片薄荷叶放在清水中，用文火慢慢地煮，一直煮到薄荷汁液将煎尽以后，捞出薄荷叶的残渣。然后放入淘洗干净的绿豆和粳米，加入适量的冰糖继续煮，最后用猛火煮成薄荷粥，口味稍甜又清香。

薄荷汤烧法 先将清水煮沸，可打入一个鸡蛋，稍煮一会，再放入薄荷叶煮，再稍加入少量食盐和味精煮成。

薄荷茶、薄荷粥和薄荷汤都很芳香清凉爽口，是炎夏消暑佳品。

关于薄荷由我国云南省传到东南亚国家，还有一则历史故事。在公元 18 ~ 19 世纪，我国云南苗族的部分居民从我国云南迁居东南亚，把薄荷带到越南，直至泰国。当地人吃到薄荷，消暑又美味，对薄荷的兴趣非常浓厚，这样薄荷就在泰国迅速推广，并传遍东南

亚，成为“国菜”，甚至有人称薄荷为“亚洲之味”。现去越南餐馆用餐时，在油炸美食菜肴的一旁，经常要摆薄荷叶作为配料。

在欧美的国家中，薄荷更广泛用于茶、咖啡及其他饮料中。薄荷的香气浓，色彩鲜艳，当然也广泛应用于西餐拼盘配料。所以在西式或日本西式菜肴中，常常把薄荷作为羊排、土豆、豌豆和胡萝卜等菜肴的配料。薄荷还用于制糕点，以及芳香工业和医药工业，发展前景广阔。

第二十八节 紫苏

古名：桂荏、荏、苏、赤苏、白苏、香苏；俗名：回回苏、苏叶。

紫苏是我国历史悠久的芳香草本植物（俗称香草蔬菜），自古至今食用，药菜兼用。古代紫苏的名称很多，《尔雅》称紫苏为桂荏。《说文》载：“桂荏，紫苏也。”则二者亦通名，“古人用以和味”。

根据以上所述，桂荏、荏都是紫苏，荏和苏古代都用以调味。《本草纲目》曰：“蘇从酥，舒畅也。苏性舒畅，行气和血，故谓之苏。苏叶嫩者偏红，老者偏黑，故有赤苏、红苏、黑苏诸名。其气香，因称香苏。”

我国的紫苏最早载于西周时代的《周礼》和战国时期的《礼记》。上述书中指出，紫苏，桂荏之属，那时已被用于调味（“古以和味也”）。《周礼》书成于公元前1066~前771年，《礼记》书成于公元前475~前221年。可见我国在公元前一千多年，已经食用紫苏了。

紫苏是用途广的经济作物，中国从古代开始开发利用。紫苏的

营养特点是低糖、高维生素 A 和高矿物质元素，且含有紫苏醛、紫苏醇、薄荷酮及挥发油。

（1）形态和特性

紫苏是唇形科一年生草本植物，茎直立，高 50～150 厘米，四棱形，紫色或绿紫色，密生细柔毛，分枝多。叶对生，卵圆形，或宽卵圆形，绿色，边缘锯齿状，先端锐尖，基部圆形或广楔形，叶面多皱纹。花冠紫色或紫红色、白色，因品种不同而异。轮伞花序，密结成为假总状花序。小坚果灰至褐色，内有 3～4 粒种子。

紫苏喜温暖湿润气候，花期适温 26～28℃，宜肥沃疏松排水良好的土壤。云南山区药农在海拔 1 800 米高山上种紫苏，生长良好。

（2）类型和品种

植物学分类 皱叶紫苏，别名回回苏，各地栽培较多；尖叶紫苏，俗名野生紫苏。

根据叶色分类 赤紫苏、青紫苏和皱叶紫苏。

按食用部位分类 叶紫苏、穗紫苏和芽紫苏。

中医药分类 紫苏：叶紫色，小果褐色，香气较浓；白苏：叶绿色，小果灰褐色，香气不如紫苏浓。中医认为白苏的药效不如紫苏。

紫苏栽培可以分为叶紫苏栽培、芽紫苏栽培和穗紫苏栽培，但以叶紫苏栽培最普遍。

（3）栽培方法

紫苏栽培采用播种繁殖法，家庭零星栽培常用分株繁殖法。紫苏一般为露地栽培，也可以采用塑料大棚栽培。日本还采用室内栽培、软化栽培。近代还将紫苏、薄荷和留兰香等香草蔬菜种在盆中，放于室内供观赏，也有保健作用。

（4）功效和食用方法

紫苏具有保健作用，始载于《尔雅》："取子研汁煮食，长服令人肥白身香。"紫苏的根、茎、叶、花和子都可入药。我国紫苏药用始见于魏晋陶弘景《名医别录》。中医认为，紫苏有散寒理气、健胃、

发汗、镇咳、去痰、利尿、净血和治疗外感风寒等药效。现代医学证实，紫苏可以抑制葡萄球菌，紫苏的香气可以抑制流感，减轻鼻塞流涕等症状。紫苏子味辛，性温无毒，是中医药常用止咳良药。

宋朝仁宗皇帝曾命令翰林院（相当现代的中国科学院）制定“消暑良饮”（提出解暑良药饮料）。结果是以“紫苏汁为第一也”。就是在许多名医药方中，筛选出紫苏煮汁是最好的解暑药饮。

自古以来，紫苏又用于除蟹毒。汉朝《金匮要略》方：“治食蟹中毒，紫苏煮汁饮之。”一般是在蒸蟹时，在蟹面上放几片生姜，盖上几片紫苏叶，这样既能除腥，又能解蟹寒性，增加香味。紫苏烧鱼，鱼鲜菜美。

明朝宫廷中还用紫苏制“洗手消毒液”。明朝刘若愚《酌中志》载宫中后妃们食蟹前，一定“用苏叶等件洗手”。明代秦兰征《天启宫祠》记云：“食已，用紫苏叶草作汤盥手。”

紫苏列入蔬菜最早载于西晋稽含《南方草本状》(公元 304 年)。紫苏以嫩叶、嫩茎供作菜用，可以生食凉拌。《本草纲目》：“紫苏嫩时有叶，叶和蔬茹之，或盐及梅卤作菹食甚香，夏月作熟汤饮之。”意思是：采紫苏嫩叶可作菜食用，或再腌制后切碎成丁状（古菹字）后作酸菜食用很香，夏天可用紫苏煮汤饮，可以解暑。现在家庭中，烧菜肴或煮面时，常放入一些紫苏叶，也用于煮汤或饺子馅中作为调料。

紫苏芳香，色彩鲜艳，常作为各式西餐中的配料、拼盘或装饰品，在日式菜肴中，紫苏更是常用的香辛蔬菜。“紫苏木耳”是日式名菜。紫苏汁可供糕点、果酱等食品的染色剂，也是天然的色素原料。

紫苏其他的用途很广，可作为防腐剂、染色剂和防虫蛀用品。（古人爱读书，最怕古书被虫蛀坏，在书中夹些紫苏叶，可免虫蛀。）

近代紫苏的发展成为国际瞩目、前景广阔的经济作物，并且已开发成药品、化妆品和食用油等数十种以紫苏为原料的加工品。目前我国市场上已生产紫苏籽油，作为保健商品出售。

第二十九节 香茅

古名：菁茅、璚茅；俗名：柠檬草、柠檬香茅、香巴茅、风茅。

香茅是我国历史悠久又重要的香草植物，我国有不少古籍中记载香茅。《本草纲目》载："香茅、一名菁茅，一名琼茅，生湖南及江淮间，叶有三脊，其气香芬。"

早在《尚书·禹贡》（公元前841～前682年）载："荆州贡包匭菁茅。"（注：①"匭"音"轨"，用匣子包装。②荆州，现在的湖南及湖北省。）这句话的意思是：湖南和湖北的官吏把香茅草整理好，并且用匣子包装，进贡给皇上作贡品。由此可见，我国古代湖南和湖北一带生产香茅，是著名的。那时非常重视香茅，作为向皇帝的贡品。不过那时的香茅都是野生的。

《穀梁传·僖公四年》载："菁茅之贡不至，故周室不祭。"原注云："菁茅，香草，所以缩酒，楚之职责。"原注意思是：菁茅是香草，用于祭祀时敬酒，这是楚国向皇帝的进贡品。楚国负有进贡香草之责任。上述两句的意思是：楚国的香草贡品没有送给周朝皇室，所以周朝皇帝无法祭祀了。（注："缩酒"，以香草扎成束以后，浸于酒中，再用这种酒去祭祀。）上述两段古文所载已明确指出，我国远古时代对香茅十分重视，且我国食用香茅已有三千多年的历史了。

（1）形态、特性和分布

它是禾本科香茅属的多年生草本植物，植株高度可达2米，茎较细，丛生，直立，近于无毛，节部膨大。叶片扁平狭长，长120厘米左右，宽1.2～2.5厘米，叶鞘无毛，基部多破裂。叶舌钝圆形，疏散圆锥花序，顶端稍下垂，小花穗淡黄色。香茅的茎及叶有强烈的芳香。

香茅喜温暖湿润的气候，较耐高温，在18～28℃温度下生长

最好，但不耐霜冻。喜光及排水良好之地。

香茅原产印度、斯里兰卡和东南亚，南欧国家栽培较广。现代香茅生产遍布欧亚多国，一般所谓香茅，事实上是禾本科香茅属约55种芳香植物的总称。

中国香茅的历史悠久，古代香茅主要产于湖南和湖北地区。现代中国香茅主要分布于广东、海南和台湾等地，为现代中国开发的主要香草植物。

（2）功效和食用方法

南北朝南梁《昭陵文选》（公元502～557年）左思《吴都赋》载：“食葛香茅。”

香茅含有挥发性的香茅油，它的化学成分主要为柠檬醛、香茅醛和香茅醇等，所以有强烈的柠檬香气。有祛风除湿、祛痰消热和消肿止痛的保健功效。

在欧洲及东南亚等国家中，香茅的食用方法很多，包括泡香茅柠檬茶和制果冻等，把香茅的嫩叶或干品放在煮熟的米粉、肉类及蔬菜中作香辛调料。在东南亚地区，香茅是椰汁咖喱所必需的原料。还有多种香茅制的名菜肴和酸汤，例如泰式香茅鸡和香茅五花肉等。

此外，香茅可提取香茅精油，是重要的香料工业原料，广泛用于配制香皂、香精、香水和牙膏等日用工业品。香茅还可以医用，也是良好的空气净化剂。

第三十节 蒲公英

别名：白鼓丁、蒲公草、金簪草、满地金等；俗名：黄花郎（江南地区名称，因为它的花为黄色）、黄花地丁、婆婆丁（北方名称）、尿床草（因为它有利尿作用）等。

我国自古至今多将蒲公英作为野菜食用，但是在国外（法国）也作为蔬菜栽培。蒲公英原产欧洲，它在中国自古至今到处野生。蒲公英在西方国家颇为闻名，在西方著名文艺作品中，常常有蒲公英的内容，所以它既是野草、野菜，又是蔬菜和药材，更常常为西方文艺作品的题材。

蒲公英在中国自古至今菜药兼用，在明朝《野菜谱》（公元1470～1530年）载："白鼓丁，一名黄花地丁。四时皆有，唯极寒天小而可用，采之熟食。"这一句话的意思是：蒲公英一年四季都生长，它较耐寒，到很冷的季节可以采收供作熟食。《随息居食谱》载："蒲公英清肺化痰，散结消痈，养阴凉血，舒筋固齿，通乳益精。"《本草衍义补遗》载："蒲公英解食毒，散食滞，化热毒，消热肿结核疖肿。"《本草正义》载："蒲公英，其性清凉，治一切疔疮、痈疡红肿热毒诸症。"

蒲公英对人类的可贵，还在于它的文化内涵。蒲公英能够在山谷、田间及路旁等隙地到处生长，春天生出花茎，顶生黄色小花朵，花谢以后，种子上的白色冠毛便会结成轻飘的白色小绒球，随风到处飞扬，落地生根。

春光已逝去，既无桃李争艳，也无玫瑰吐芳。但是在寂静的旷野中，却盛开着无数蒲公英的小花，使大自然遍地辉煌。蒲公英朴实无华，不怕寂寞，不畏气候剧变。它富有坚定的自信和顽强的生命力，要将荒僻的田野装饰成遍地金黄。虽然蒲公英只是不起眼的野生小草，但是它却给人们启迪，带来希望与光芒。它追求圣洁，永葆忠诚。当然在西方的文坛中经常会有吟咏蒲公英的诗章。

蒲公英又是野菜、杂草，从现代农业和绿化园林建设的观点来看，遍地生长的蒲公英也会给锄草人工带来许多的麻烦。

（1）形态特性

蒲公英是菊科多年生宿根草本植物，野生，茎匍匐生长于地面。叶长形，叶面平滑，叶边缘基部略有缺刻。但是，现代栽培用

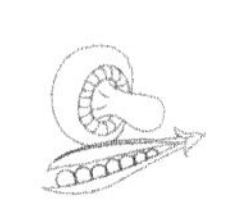

的蒲公英改良品种，叶面多皱纹，叶柄多肉质，而且叶数较多，其心叶为黄绿色或深绿色。种子极小，每 1 克种子有 900 ~ 1 700 粒，种子发芽年限为 2 年。蒲公英生长强健，遍及在世界各地，在中国各地蒲公英到处野生，甚至在严寒的加拿大，蒲公英也到处生长。

（2）栽培方法

蒲公英也作为一年生蔬菜栽培，它的生长能力强，不需要选择土壤。一般于 4 月间条播于露地，行距 40 厘米。因为蒲公英的种子极小，故应浅播，出苗期间应保持土壤水分充足，以利出苗。成苗后，间拔苗株，保持株距 15 厘米左右。如果采用精耕法，可提早至二三月在塑料大棚内播种育苗，不仅利于出苗保苗，还可促进生长。4 ~ 5 月间起苗定植大田，株距 33 厘米左右。田间管理应该勤施肥，适时浇水，并且浅中耕数次，到夏季可以开始采摘嫩叶供食用。

在采收前，应该同苦苣栽培法采用软化处理，束住蒲公英的外叶，使内部的叶片遮光软白，以减少苦味，也可以将畦沟中的土壤覆于菜顶进行软化。

如果需要多年连续采收蒲公英，可于冬季采收完毕后保留残株老根，保护越冬，等第二年春会再萌发生长，加强田间管理，可以连续采收数年。

（3）营养、功效和食用方法

蒲公英全草的食用部分约为 84%，每 100 克食用部分中含蛋白质 4.8 克，脂肪 1.1 克，糖类 5.0 克，粗纤维 2 克，还含有维生素 A、维生素 C 及矿物质，有助于消化，治便秘等，故蒲公英为保健蔬菜珍品。

蒲公英供药用，味苦，性寒，归肝胃肾经，有散结消肿，除湿利尿功效，主治乳痈、肠痈诸类肿毒。还可治咽肿喉炎、胃脘疼痛、泄泻痢疾、黄疸、小便淋痛、噎膈、癌肿及蛇虫咬伤。

现代医药研究认为，蒲公英有良好的抗感染作用。据加拿大

科学家实验结果，试管中供试验的蒲公英，在48小时内可杀死98%的癌细胞。这一类消息，当然更引起人们对蒲公英保健作用的重视。

药理证明，蒲公英含蒲公英甾醇、蒲公英素、果胶和胆固醇，对金黄色葡萄球菌和溶血性链球菌有较强的杀菌作用，对肺炎双球菌、白喉杆菌、绿脓杆菌、痢疾杆菌和伤寒杆菌等也有一定的杀菌作用，故有"天然抗菌素"之称。

目前，蒲公英已被制药工厂制成多种剂型，广泛用于临床多种感染性疾病，包括外科的淋巴结炎、乳腺炎和丹毒。此外，还用于上呼吸道感染、传染性肝炎、胆系感染、五官科感染、慢性胃炎和消化系统溃疡，甚至用于手术后预防性感染和败血症等都可以收到良好的效果。

蒲公英的嫩叶有微香，未开花的花朵、根状茎及嫩苗都可以供食用，尤其以嫩苗供食最佳。蒲公英的食用方法较多，近期上海市郊金山区开发制成蒲公英菜谱，包括凉拌、素炒、荤炒、制汤及野菜塌饼等，它的花和根可以泡茶饮用，夏季尤宜饮用蒲公英汤。以下简介几种常用的蒲公英食法。

凉拌　将鲜嫩的蒲公英叶洗净、稍焯、切段，根据各人的口味加入调味料食用。法国蒲公英主要供作生菜（沙拉）食用。

制汤　常用蒲公英制作绿豆汤，方法是将蒲公英洗净、水煮、取出渣；将滤液放入锅内，加入洗净的绿豆煮烂，再加入适量糖即成，为夏季消暑佳品。

泡茶　取蒲公英嫩叶或全株洗净，切开，泡茶饮用，或用晒干的蒲公英泡茶饮用。蒲公英虽然是保健佳蔬与良药，但是不能连续多次食用，以免引起肠胃不适或腹泻等不良反应。

煮粥　取蒲公英20克（鲜者用量加倍），大米100克，白糖适量。把蒲公英择净、洗净、沥干、放入锅中，清水适量浸泡5～10分钟后水煎取汁，然后加入大米煮粥；或把鲜蒲公英择洗

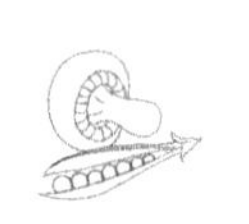

干净、切细，待粥煮熟时加入粥中，再加入白糖，煮沸 1 ~ 2 分钟即成。每天 1 剂，适用乳痈、乳房肿胀、疼痛、流感、感冒和热结便秘等症。

第三十一节　白菊花

别名：杭白菊、甘菊、食用菊、药菊。

白菊花植株高 20 ~ 30 厘米，花（头状花序）小型，直径 1.5 ~ 4 厘米，花由 3 ~ 4 层苞片组成，外围为舌状花，银白色，中间为管状花，黄色，有强烈清香气。

白菊花是菊类植物，中国的白菊花主产于河南、安徽和浙江等省，以往野生，现在多栽培。

白菊花有很浓的清香，主要化学成分为菊甙、氨基酸及黄酮类等。白菊花主要用于泡茶，且有药效，可养肝、明目、清心、补肾、和胃、润喉、生津及调血脂等。

人们一般都知道白菊花能够清心、养肝和明目等，事实上菊类（包括白菊花）既有抗炎解热的作用，也有滋补益寿的功效。《神农本草经》将菊列为上品，因为它“久服利血气，轻身耐老延年”。中国食菊历史悠久，在春秋战国时代，楚国屈原《离骚》（公元前 343 ~ 前 277 年）载：“夕餐秋菊之落英。”可见中国古代已经有菊（包括白菊花），并且已经将菊花供食用。西汉时，民间在重阳节有饮菊花酒的民俗，古代称菊花酒为长寿酒，有延缓衰老等功效。

古人爱食菊羹，于清晨采鲜嫩菊花洗净，调入鸡蛋羹中，食味清柔，并且有花香。以菊花供食，更有养生长寿之功效。清代郑板桥爱饮菊水，并作诗云：“南阳菊水多耆旧，此是延年一种花，八十老人勤采啜，定教霜鬓变成鸦。”陶渊明在他的诗中常提到“服

菊食”，并说“菊解制颓龄”。

清代慈禧太后青睐食菊，不但常饮菊花茶，还常吃菊品火锅，在火锅熬好鸡汤以后，放入生鱼片、鸡片再煮，然后加入菊瓣，再煮 2 ~ 3 分钟。菊品火锅清香爽口且宁神。慈禧太后还制菊品延龄补膏服用（引自《御香缥缈录》）。

菊花不仅可以饮用，还可佐膳，包括炒食、煮食和作汤等，也可入药。

菊花含蛋白质、脂肪、碳水化合物、膳食纤维及多种维生素，尤其富含钙、钾、铁等矿物质及微量元素硒，所以食菊有益健康。

现代著名中成药“杞菊地黄丸”是一味滋阴养肝良药，它的成分之一就是菊花。

近代医药科学研究发现，菊花中含有丰富的黄酮。黄酮是一种抗氧化剂，具有清除自由基，抗衰老等功效。菊花中的黄酮具有扩张冠状动脉，增强冠状动脉血流量和降低血压等作用，对预防心绞痛有一定的疗效。黄酮又能抑制肝脏中胆固醇的合成和加快胆固醇的化解和代谢，并且有助于消除癌细胞。菊花具有使血液循环畅通、消除血中胆固醇的作用，有利于预防血管硬化、高血压和高血脂等老年人常见的疾病。这些疾病也是影响老年人寿命的重要因素，所以久服菊花（包括白菊花）有利于畅通气血，能使人延年益寿。新式粤菜中也有食用小菊花的菜谱，或在羹中点缀小菊花瓣。

第二章 外国主要清香蔬菜栽培技术

第一节 结球茴香

别名：意大利茴香、甜茴香、球茎茴香。

结球茴香是伞形科茴香种的一个变种，原产意大利南部，现代主要在地中海沿岸地区栽培，主要以叶柄基部肥大的鳞茎供食用。

结球茴香植株高 70 ~ 80 厘米，叶绿色，为三回羽状分裂，裂片丝状，鳞茎扁球形，重 400 ~ 600 克。大型伞形花序，果实扁椭圆形，内含种子 2 粒，鳞茎柔嫩，但香味较淡，产量高，抽薹晚。

结球茴香喜冷凉气候，苗期耐 -4℃低温，但是在鳞茎形成期则不耐低温，尤其在 -1℃以下时，就会受害。需要光照充足，在设施栽培中有利于鳞茎的肥大，栽植密度不宜太大才有利于通风透气。宜保水、保肥的肥沃壤土，土壤 pH 宜为 5.4 ~ 7.0。

（1）栽培型

结球茴香可以露地栽培或在塑料大棚及温室中栽培，栽培时期可以分为夏播冬收、秋播冬收和冬播春收三作，一般以露地栽培夏播秋收为主。

（2）栽培技术

选择排灌方便、富含有机质、肥沃且较阴凉的地方，精细整地。

防止早期抽薹 在长日照和高温下极易引起结球茴香早期抽薹，不能产生鳞茎，从而造成损失。所以要使结球茴香栽培成功，首先要防止早期抽薹。其措施除了适时播种以外，还要在田间覆盖遮阳网，进行短日照处理。

育苗 结球茴香的种子珍贵，一般采用育苗移栽法，近年来一般选用128孔的穴盘进行穴盘育苗。成苗以后，按行距30厘米、株距20厘米定植，要促使鳞茎能够充分生长成荫蔽状态，从而对鳞茎起软化作用。

田间管理 勤松土除草，苗定植以后20天及40天各追肥1次；干旱时勤浇水，叶柄膨大期浇水应多，但是生长后期适当控水。

主要病虫害 苗期猝倒病、灰霉病、菌核病及蚜虫等应及时防治。

定植以后约50天，鳞茎长成，拔起植株，剪去根和叶，仅将鳞茎包装以后上市。

结球茴香主要以肥大的鳞茎供食用，为欧美人所常用的香辛调料蔬菜，质地脆嫩，具有特殊的芳香及甜味。可以生食或熟食，主要供作西餐肉食菜肴的配料香辛调料。法国人特别爱吃结球茴香炒牛肉。

结球茴香的果实香味更浓，可作香料，或入药，有温肝肾和暖胃散寒等功效。

第二节 莳萝

古名：慈谋勒；俗名：茴香草、土茴香。

李时珍记述：“莳萝，慈谋勒，番香名也。”因为莳萝是从国外

引进的蔬菜，所以李时珍记下莳萝和慈谋勒都是外国的名称。

莳萝原产地中海沿岸，以后在世界各地广泛栽培，欧美诸国栽培尤盛。莳萝于唐朝经丝绸之路引入中国。现代中国的莳萝栽培以新疆较广。上海等大城市郊区在 20 世纪 30 年代已引种栽培。

莳萝是伞形科莳萝属的一年或二年生草本植物，是一种香辛调味蔬菜，以嫩叶供食用。植株高 20 ~ 50 厘米。有分枝，茎短缩，幼嫩时带蜡粉。叶轮生，三回羽状分裂，裂片呈线状，基部稍连接，叶柄下部稍有叶鞘。叶为较深的绿色，叶柄长，这些是和小茴香叶形不同之处。花茎叶细长如丝状，伞形花序，花小，淡黄色，无花被。果实褐黄色，椭圆形，两侧有棱脊成翼状，每果中有 2 粒种子。

莳萝性喜温暖湿润的气候条件，生长适温 20 ~ 25℃，不耐高温、干旱或严寒，春秋两季栽培，撒播或条播。出苗以后 30 ~ 40 天可间苗采收，或一次采收完。

莳萝的芳香叶中含有莳萝精油，其主要成分为藏茴香酮、柠檬萜和水芹菜萜，这些物质在果实中的含量更高。

莳萝中所含营养丰富，尤其是维生素 C 的含量高，并且有钾等矿物质，莳萝性味辛温，无毒，能祛风散寒，促进皮肤伤口愈合。莳萝的种子有补肾、壮筋骨等保健功效。

莳萝的叶和种子都有强烈的香味（种子更香），是国际重要的香辛调味蔬菜之一，为西式菜或罐藏食品中不可缺少的调味品，或防腐剂。

莳萝的嫩叶或小苗供食用，国际以莳萝供食用的地区很广，食用及利用的方法也多。欧洲国家普遍喜食莳萝，通常是把莳萝制成沙拉，或撒于烹饪后的鱼、肉上作为香辛调味料，也供炒食。美国人爱用莳萝种子腌制泡菜（例如黄瓜泡菜）。非洲人在炖肉时常常加入莳萝。俄罗斯、印度、中东及东南亚的一些国家，也常常以莳萝作为香辛调味料。

莳萝有清凉味，温和而不刺激，更适宜于鱼、虾、贝类等海鲜

烹饪时，作为香辛调味料，以去除腥气，添味增香，也可以作为制糕点或饼干时的添加剂，或作为小茴香的代用品。

第三节 香芹（荷兰芹）

别名：荷兰芹、旱芹、香芹菜；俗名：洋芫荽、洋香菜、欧芹、巴西利（音译）。

香芹是伞形科欧芹属的一二年生草本植物，原产地中海沿岸西亚，近代在非洲阿尔及利亚及亚洲黎巴嫩还有野生种。古希腊及古罗马，早在公元前已开始利用香芹。15 世纪传入欧洲，开始时作为药用，16 世纪以后供作蔬菜栽培。20 世纪 10 年代，香芹由英国引入中国，在上海郊区栽培，现代中国的大城市郊区有小规模香芹栽培，供特需用。

香芹以嫩叶供菜用，具清香，且叶形美观，为西餐中不可缺少的香辛调料及拼盘装饰品，其根皮及果实供药用。但香芹的需要量不大，所以生产规模不大。

香芹植株高 30 厘米，茎出叶为三四回羽状，浓绿色，叶面皱缩，皱缩程度因不同品种而异，叶缘锯齿状，反卷，叶柄长 15 厘米。伞形花序，花小，淡绿色。每果中有 2 粒褐色圆形小种子，有药香。

（1）香芹的品种类型

皱叶种 叶缘缺刻细裂，且卷曲呈鸡冠状，叶形美观，有观赏意义。以嫩叶供食用，栽培较广。

板叶种 叶片扁平，少卷曲及缩纹，以根和叶供食用。

英国栽培的香芹著名品种有以下两种。

Imperial curd 叶色浓绿，叶缘有粗大的缺刻，叶面多皱纹，

产量高。

Dwarf perfection　较矮生，叶色鲜绿、叶面有细密的皱纹，外观美，最宜作西餐拼盘饰品。

香芹性喜冷凉、湿润的气候和湿润的环境，生长适温为15～20℃，较耐寒，幼苗能耐-5～-4℃低温，成长植株能耐短期-10～-7℃低温。种子在4℃时开始发芽，种子发芽适温为15～20℃。经过10天以后发芽，不耐高温，25℃以上时，植株徒长，叶片变薄，生长不良。所以在7～8月高温时，它的生长衰弱，在强烈的日光下，植株会枯死。

香芹花芽分化要求低温和长日照，植株生长至一定大小以后，开始花芽分化。

香芹的生长期长，从播种到采收需4～5个月，采收期长达4～5个月，所以香芹栽培更应该重视栽培技术，做好田间管理及采收等工作，才能达到采收期长、产量高的目的。

（2）香芹栽培型

香芹的栽培型可以分为夏作、秋作及冬作。

夏作（夏播冬收）　6月开始播种，直播或者育苗移栽（9月初定植），11月至第二年3月开始采收至5月。越冬时宜用塑料大棚保温，可以提高产量。

秋作（秋播春夏收）　10月播种，幼苗越冬，第二年5～6月采收。

冬作（冬播夏秋收）　12月至1月在塑料大棚或温室中播种育苗，3月定植，5～12月采收，在夏季高温期间要搭遮阴防雨棚。

（3）香芹栽培技术

大田直播　香芹栽培切忌连作，以免发生病虫害。以大田直播为主，由于香芹种子的发芽率很低（一般只有50%～60%），所以香芹栽培必须精细整地，做到土地平整疏松，排灌两便，多施基肥。穴播或条播，都必须增加播种量，每亩播种量为500～750克，条

播行距40厘米，株距12～20厘米。如果育苗移栽，行株距也同上述。

播种以后轻轻镇压土面，浇透水，待水渗透以后，地面覆盖遮阳网等，以利出苗。但是出苗以后，必须及时除去地面覆盖的遮阳网。

总之，提高香芹的出苗率，是香芹栽培成功的基础。

育苗 宜采用“穴盘育苗法”，夏季应在防雨棚（加遮阳网）中育苗，冬季在温室或塑料大棚中育苗，开始时室温掌握在20～25℃，出苗以后室温逐渐降至15～20℃。苗具5～6片真叶时，起苗定植。

田间管理 勤中耕除草，及时摘去植株下部太密的侧枝（打叉），摘除黄叶。适时、适量浇水（尤其是温室或塑料大棚栽培），每隔10天左右要浇水1次。生长初期开始追肥，一般每次每亩追施复合氮肥15千克，在采收时期，每采收1～2次以后，要追肥1次。

夏播的香芹，田间地面最好铺草，可以降低土温，预防阵雨。

采收 香芹一茬中可以多次采收，采收期长达4～5个月，香芹理想的采收标准是每片叶重达11克、叶柄的长度达11～12厘米。一般说来，香芹植株已生长12片叶时，可以开始采收。

上海地区栽培的香芹，一般于定植以后两个月开始摘叶采收。春播的于5月开始采收，每1 000平方米产量为2 400千克。秋播的于10月开始采收，至第二年3月，每1 000平方米产量为750千克。

留种 留种的香芹以秋播为宜，选留品种纯正、生长健壮的植株，种株行株距40厘米×20厘米，第二年4～5月抽薹开花，7月种子成熟。

（4）营养、功效和食用方法

香芹所含营养丰富，包括蛋白质、糖类和维生素A，尤其是维生素C、维生素K及钙的含量高，每100克鲜菜中含蛋白质2.2克、糖类1.3克、维生素C 90毫克（含量为番茄维生素C含量的3倍）及钙125毫克。

香芹可以除口臭，其果实和根皮含有类黄酮成分，可以排毒和

防腐烂。香芹又有强烈的抗氧化作用。近代医药科学实验指出，香芹可以抑制肺部肿瘤发展。香芹又有增免疫、抗衰老、降压、降胆固醇和抗血栓的功效。

香芹味温和，且具芳香，可以解异味及腥味，更可添色增味。

欧美人爱吃香芹，常供作沙拉、生食或多种西餐菜肴的配料，例如调味香菜、香草束、混合香料。也经常用于油炸食品及肉类的配料，以及意大利面、汤、羹中作调料，或作罐藏食品的香辛调料。在日式西餐中常用香芹（日本名为旱芹）作拼盘。

第四节 薰衣草

别名：灵香草、黄香草、拉文德（英名译名）。

薰衣草是唇形科薰衣草属多年生常绿小灌木，是欧洲历史悠久著名的香草植物。薰衣草叶香花美，姿态秀丽，且有特异的清香，不仅为观赏佳品，也被广泛应用于香草、香料和医药等。所以现代薰衣草有“世界上第一香草植物”之美誉。

早在古罗马时代（约公元前 10 世纪），薰衣草已被称为“香草之后”。那时薰衣草花价昂贵，每磅鲜花的售价相当于 50 个理发师的工资。

公元 17 世纪，英国黑死病（鼠疫）流行，而英国的伯克勒斯小镇因为是当时的薰衣草贸易中心，空气中弥漫着薰衣草的芳香，所以这个镇竟奇迹般地避免了黑死病的传染。

（1）形态、特性和分布

薰衣草的株型细长，茎直立，株高 30 ~ 40 厘米，或 45 ~ 90 厘米，因品种而异。老茎灰褐色，具条状剥落皮层。叶对生，披针形，灰绿色，被灰白色茸毛，边缘反卷。夏季开花，穗状花序，花序长

5～15 厘米，花冠唇形，紫色、蓝色或白色，花形美观，花色秀雅，适于观赏。小坚果椭圆形，每果中有 4 粒种子。

薰衣草耐寒，所以在俄罗斯及日本的北海道都有栽培，但不耐高温。

薰衣草性喜光照充足，要求年光照 2 000 小时以上。如果它生长在阴暗潮湿的地区，植株生长不良易衰老。它又喜干燥，耐寒，幼株能耐 -10℃低温，成株可于 -21℃低温下露地越冬。宜于肥沃、疏松、排水良好的中性土壤栽培。

薰衣草原产地中海地区，以后广泛栽培于欧美诸国及澳大利亚，其中法国、英国及南斯拉夫等国薰衣草栽培更广。20 世纪 50 年代，薰衣草在日本已有较大规模栽培。近代在中国北京、上海及台湾等地也发展了薰衣草生产，上海郊区已经有成百亩甚至上万亩的薰衣草产销集团。

薰衣草适用于大规模栽培，也宜庭院观赏栽培，还可以盆栽观赏。

（2）薰衣草的栽培方法

繁殖　薰衣草可以播种或扦插繁殖。采用播种法可以大量繁殖，并且幼苗的生长也较健壮，但是植株性状的变异较大，而且薰衣草种子的价格也较高。一般在春季播种，选取颗粒饱满、表皮富有光泽的种子，先用 40℃温水浸种，待水冷却后，再继续浸种 5 小时左右，取出种子播种。扦插繁殖法可以于春、秋季进行，剪取生长健壮的主枝或者还没有木质化的侧枝，用生根剂浸液以后插入土中。保持土壤湿润，适当遮阴，在适温下大约经过 3 周就可以生根及发芽，成为新株。

定植及田间管理　大田精细整地，施入少量的基肥。定植的株行距一般为 30 厘米×40 厘米，每穴栽 1 苗。定植以后应该保持田间湿润。薰衣草对水分的要求不高，但是在栽培以后前 3 年之间，必须保持田间有充足的水分，生长期应勤锄草松土。随着气温的上

升，植株生长渐旺盛，要及时摘除顶梢（打顶），促进多生侧枝。一般于5月间现蕾，6月开花。

定植以后，第一年的薰衣草，应该首先促进发棵旺盛，所以在6月上旬应该摘除全部的花蕾，以节约养分消耗，促进植株旺盛生长。薰衣草主要的需水时期，是在现蕾期和开花期，在这些时期中，千万不能缺水，但是浇水应该掌握天时，并且要浇匀、浇透。薰衣草的生长较强健，在适当的田间管理下，一般很少病虫害。

越冬管理 薰衣草虽然较耐寒，但是在幼苗定植初期，也应该加强越冬保护，所以在越冬以前要进行壅土防寒防冻，在植株基部壅土高达15厘米左右。第二年开春以后，应该及时扒开壅土。

采收 为了促进薰衣草的发棵旺盛，一般是在苗定植第二年才开始采收，春季开始采收嫩枝叶，到6月（夏至节）采花枝，采收时宜用剪刀剪取。

（3）营养、功效和食用方法

薰衣草具有芳香油，其主要的化学成分为丁二酸、咖啡酸、葡萄糖苷和胡萝卜苷等。

薰衣草的茎叶可供药用，能助眠、解忧、安神和美容，又能润肺健脾和发汗止痛，常用于治疗感冒、腹痛和湿疹。薰衣草的香气有镇静作用，可应用于芳香治疗，消除疲劳。

薰衣草的香味不仅风靡欧洲，且为国际广泛应用于芳香工业及医药，还可以制成多种薰衣草小工艺品。

薰衣草为国际著名的调味品，其用途多样。可供作蔬菜沙拉配料；牛肉、羊肉、排骨烹调和作汤用的香辛调料；烘焙糕饼；饮用、泡茶或加入冰淇淋，色香味俱全；干制，晒干以后磨粉，供作饼干、面包等的香料；提炼精油。

薰衣草是法国著名的普罗旺斯香草面包的主要香辛调料。（注：在这种面包中应用薰衣草、迷迭香、罗勒、百里香和小茴香等香辛

蔬菜调料。）

将干薰衣草放在衣柜中，就是天然的驱虫防蛀剂。

根据有关资料的报告，唇形科香草植物的知名度依次为薰衣草、薄荷、紫苏、迷迭香、丹参、夏枯草、黄芩、罗勒、藿香和荆芥。根据上述，更显示了薰衣草在香草植物类中的重要地位。

第五节 迷迭香

迷迭香是唇形科迷迭香属多年生常绿小灌木，叶似松针，有强烈的香气，用途广泛，为西方国家重要的香草植物。在古希腊、古罗马时代作为祭神供品，迷迭香在古代被认为最具有神的力量，欧洲人把它种在教堂的四周，是圣洁的象征。迷迭香作为香辛调料，其重要地位可说是仅次于薰衣草。

迷迭香原产欧洲地中海地区和非洲北部。据传在曹魏时期（约公元 2 世纪）迷迭香已经引种到中国，此事虽然有待证实，但是也可以反映迷迭香的历史悠久了。近期迷迭香已经在世界各地广泛分布，尤其是南欧国家，南非和澳大利亚也有栽培。在现代中国南部及山东等地也有栽培。

迷迭香茎直立，高 1 ~ 2 米，木质，横断面四棱形，叶片松针状，革质，绿色，边缘反卷。花簇生于叶腋间，总状花序，花冠唇形，蓝紫色、粉红或白色。

迷迭香喜温暖气候，生育适温 5 ~ 25℃，喜湿润，但忌涝，耐旱力中等。适于在中性或微酸性、排水良好的沙壤土栽培。迷迭香的生长缓慢，再生能力不强。

（1）繁殖

迷迭香应用播种育苗、扦插及压条法繁殖。迷迭香种子的发芽

率很低，一般只有10%～20%，而且迷迭香第一年的实生苗（播种产生的幼苗）生长极慢，一直要到播种以后2～3年才能有正规的产量，所以迷迭香生产上一般采用扦插、压条等无性繁殖法。但是迷迭香的实生苗生长健壮，枝叶及花的香气浓、品质好。究竟采用哪一种繁殖方法为宜，应该根据迷迭香生产的要求来决定。

播种法 一般于早春在温室或塑料大棚中播种育苗，播种以前先行浸种催芽（方法参见“薰衣草”节），成苗以后定植大田。

扦插法 一般于早春在温室或塑料大棚中扦插，先选取生长健壮还未木质化的枝条，供作扦插，剪取长约15厘米的枝条，除去插枝下部约三分之一的叶片，再将插枝插入沙等介质中，保持介质（基质）湿润，并保持20℃左右的适温（最低不能低于13℃）。

经过3～4周以后开始生新根，扦插以后3周左右，可以起苗定植，每平方米栽6～6.5株。

（2）田间管理

浇水施肥 迷迭香苗定植以后要浇水，应该注意防止浇水以后苗倒伏，对已倒伏的苗应该及时扶正，栽苗以后5天左右要浇“复水”，待苗成活以后逐渐减少浇水。

迷迭香较耐瘠薄，生长前期在松土除草以后，施少量复合化肥，每次采收以后追肥（以氮磷肥为主），每亩约需施尿素15千克、过磷酸钙25千克。

整枝 定植成活3个月左右开始整枝，每次剪去新枝长度的一半左右，掌握适度修剪以保持田间通风透光良好。

采收 迷迭香栽植1次以后，可以连续多年采收，以采取嫩茎叶为主，剪取或用手折取，但是必须注意剪枝伤口流出的汁液会凝胶，难以除去，所以采迷迭香时应穿长袖衣服，并戴手套操作。

（3）营养、功效和食用方法

迷迭香有强烈的芳香，其主要化学成分是迷迭香酚、异迷迭香酚、迷迭香酸、黄酮和黄酮苷等。

迷迭香可供药用,《本草拾遗》载:“迷迭香辛温，无毒。健胃、发汗、止头痛、助消化，且有镇静、抑菌、治哮喘、清新空气等保健功效，对白内障有治疗效果。”

从迷迭香提取的精油，是30多种挥发性物质组成的液态物，高效、无毒，广泛应用于食品、调味、香料和日用化工等工业，以及医药业。

从16世纪开始，欧洲人常在亡灵墓上种一株迷迭香，以志悼念。

迷迭香的茎有强烈的芳香，是西餐中重要的调味品，其食用的方法也多，常用于沙司（调料），在烤羊排、烧肉时，放入少量的迷迭香叶，可以去膻腥味，增香添味。也可作汤、泡迷迭香叶供茶饮等。

第六节 罗勒

古名：兰香(《齐民要术》)、罗艻、香草(《广韵集韵》)、山薄荷(《遵生八笺》)、罗勒(《本草纲目》);俗名：毛罗勒、零陵菜、光明子、金不换、西方芥、甜罗勒、圣约瑟夫草、九层塔（台湾）等。

罗勒是唇形科罗勒属一年生草本植物（在热带为多年生），原产印度、西亚及非洲。广泛分布于亚洲及非洲的温暖地带。

中国的罗勒载于北魏《齐民要术》、宋朝《广韵集韵》、明朝《本草纲目》《遵生八笺》等古籍。有人认为荆芥（植物学上为罗勒的一种）最早载于《神农本草》。

《齐民要术》（公元533 ~ 541年）栽种兰香，“三月种，俟枣叶始生，乃种兰香”。原文注:“兰香，罗勒也。中国为石勒讳，故改，今人因以为名焉。”这一段的意思是：兰香就是罗勒，因为古时避皇帝（石勒）讳，所以把罗勒改为兰香，现在一直沿用这

个名称。

罗勒的茎叶具有强烈的芳香，自古至今国内外都作为重要的香辛调料或香料。

早在古罗马（公元前9世纪～前117年，中国西周至西汉），及古希腊（公元前8世纪～前140年，东周至东汉）时期，尊称罗勒为“香草之王”，古印度视罗勒为“神圣的香草”，是祭神的供品。直到现代，欧美国家菜肴中，广泛应用罗勒，并称罗勒为“香草蔬菜之王”。

（1）形态、特性和分布

中国的罗勒分布于河南、安徽、江西及台湾等地。近期在上海等大城市郊区有小规模罗勒栽培（从国外引种），供作特需蔬菜。

罗勒的茎直立，高20～60厘米，径3～4毫米，横断面圆形（花茎的横断面为四棱形），分枝多，叶对生，淡绿色，卵圆形，边缘浅锯齿状，长3～5厘米、宽3厘米，叶柄长2厘米。花茎上分层着生轮伞花序（一般每个花茎上有6～10层轮伞花序），形成上下连续的顶生假总状花序，花小，花冠唇形，淡紫色或白色。小坚果椭圆形，黑褐色。

罗勒喜高温，不耐寒，喜光，不耐旱，忌涝。

（2）品种类型

罗勒的类型很多，《齐民要术·玉篇》载：“罗勒有三种，一种堪作生菜；一种叶大，二十步内闻香；一种似紫苏叶。”现代一般将罗勒分为大叶罗勒（即甜罗勒）和小叶罗勒两类。如果按照茎色区分，可分为青茎种和紫茎种。现代中国的罗勒包括台湾的九层塔。

（3）栽培技术

罗勒宜于疏松肥沃的土壤栽培。上海地区罗勒于4月上、中旬露地直播。（在中国的其他地区，罗勒播种以前也有先行浸种催芽的。）

宜多施基肥，一般用堆肥作基肥。整平地面以后，撒播罗勒种子，每100平方米播种量0.15千克，播种以后浅覆土，覆土厚约6毫米。出苗以后分次间苗。定苗以后保持株距20厘米左右见方。一般于幼苗具3～4片叶以后，开始酌情浇水，随着苗的生长要勤浇水，保持土壤湿润。每采收1次以后，追肥1次，常用尿素作追肥，每亩追施15千克。还应勤除田间杂草。罗勒生长强健，很少病虫害。待菜株高达20厘米以后，开始采收嫩茎叶。上海地区气温较高，罗勒可以一直采收到12月。罗勒也可以在塑料大棚中进行水培（营养液栽培）。留种的罗勒植株不采收，7月下旬至8月上旬种子成熟。

（4）营养、功效和食用方法

罗勒的茎叶中含有挥发性芳香油，其主要化学成分是丁香油酚、丁香油甲醚和桂皮香甲脂，故有薄荷香味。罗勒中含有丰富的维生素A，及钾、镁、钙等矿物质。

罗勒的茎叶入药，有清暑解毒、消食开胃、祛风利湿、散瘀止痛的功效。《遵生八笺》载："兰香（罗勒）祛痰，止泻健脾胃。"罗勒可促进胰岛腺分泌胰岛素，以调节人体血糖代谢过程，从而降低血脂浓度。

罗勒还可以提炼香精油。

罗勒的嫩茎叶供食用，有薄荷清香，是中外古今闻名的香辛调味料，欧美国家食用更广，各国，各地食用的方法很多。

河南荆芥的传统吃法是以凉拌为主，用蒜泥、盐和麻油等拌和放入菜肴或面条中作为调料，也用于汤羹等。

台湾的九层塔是台式膳食中最著名的香草，其著名的菜肴有九层塔焖鸡翅、台式"三杯鸡"（鸡、九层塔、洋葱、蒜、姜）等。

西餐中广泛应用罗勒，常常用于沙拉配料，尤其常配番茄。西餐中少不了罗勒配番茄，翠绿鲜红，色香味并呈，真是一盆好配菜。美国人烹调面食时，会撒上一大把罗勒，好像中国人吃面时撒葱花

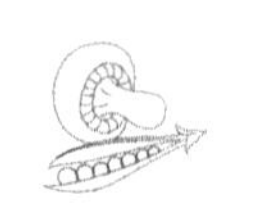

一样。欧美国家把罗勒制成罗勒酱供调味用。在日本料理中，罗勒和紫苏都是常用的香辛调料。罗勒更是越南米粉中必需的配料。罗勒干供作西餐点心，菜肴用。

罗勒还被用于泡茶，清香可口，又能除口腻。采下罗勒的花干燥后，制成粉末贮藏，随时可供作调料。

罗勒酱

用罗勒叶、青豆、蒜、橄榄油和盐等混合调制成，供作西餐调味料，市场有制成品出售。

第七节 姜黄

古名：薑黄；俗名：宝鼎香、姜黄姜、小黄姜（上海）、黄姜。

姜黄为姜科姜属多年生草本植物，原产地印度，分布于亚洲东南部。中国的姜黄主要产于四川、福建、广西和安徽等省。姜黄香辛浓郁，除供作调味用以外，也作中药材。野生或人工栽培。

（1）形态特性

姜黄植株高 1 ~ 1.5 米，根茎粗壮发达，先端膨大呈块状。叶绿色，长椭圆形，顶端较尖。夏季抽生花梗，基部有两小叶，花梗上遍生鳞状之苞，下部的为淡绿色，上部的为淡红色。每花苞各生两花，花形漏斗状，黄色。根茎有香气及辣味似姜。其粉末为橙黄色，主要成分为姜黄精，可作黄色染料。

（2）栽培技术

姜黄性喜温暖及湿润气候条件，不耐霜冻，宜土层深厚、土质松肥及排水良好之地。

繁殖 整地时多施基肥（厩肥），最好在土壤湿润时“乘墒”播种。姜黄用根茎切块以后播种，播种期为11月底到第二年早春（冬至前至立春），播种期不能太早或太迟。选取健壮肥大的根茎，切成小块，长约3厘米，每个小块上有1～2个芽。穴播或开沟条播，行距20厘米，株距15～18厘米，播种深度15厘米左右。

田间管理 姜黄田间容易发生草荒，生长期间要勤除草、松土。田间不能太旱或太湿，天旱时浇水，保持土壤湿润。生长期间追肥1～2次，以氮肥为主，结合磷肥，使姜黄的枝叶生长繁茂，田间稍保持荫蔽状态，这样才有利于姜黄根茎的肥大。

注意防治病虫害，播种以前，将根茎小块用50%多菌灵液浸种3～5分钟，预防病害。虫害主要为地老虎和蛴螬，应该及时施药防治。

采收 12月下旬（冬至以后）姜黄的地上部分已经逐渐枯萎。以后，开始采收根茎，可以陆续采收到第二年早春（立春）。

采收时在畦旁开沟，深25～30厘米，然后将畦中的姜黄一株一株地挖掘采收，整理完毕以后，将根茎稍晾干贮存备用。

（3）营养、功效和食用方法

姜黄以肥大的根茎及姜芽供食用，根茎香辛浓郁，可作调味料，及制咖喱粉的代用品。姜黄在中国南部食用很广，广西山区壮族人民将姜黄烧鸡肉，其他如姜黄炒饭、姜黄煎饼和姜黄拌豆腐干等。

姜黄也是中国民间常用的“草药”，用途广。例如：姜黄漱口可以治牙痛；涂抹外用可治癣痒等；加香附干制，磨粉以后供冲泡饮用，有消炎等功效。

姜黄是一味中药材，姜黄药用载于《唐本草》（公元660年）等古医书。姜黄具有除风热、降血脂、降血压、抗炎、杀菌和行气破瘀等药效。延缓癌细胞的扩散，尤其是前列腺癌。

印度人喜食姜黄，常常用于羊肉、鸡肉、鱼类及蛋等烹饪时调味，也供作制沙拉、泡菜及咖喱粉基础调料。菲律宾和印尼等东南

亚国家，人民爱吃姜黄的嫩芽，生吃其味似柠檬香草。印度及孟加拉国的人民常吃姜黄，在这两个国家中，癌症的发病率较低。

关于姜黄的保健作用，还有一则古典。南宋著名诗人陆游，一生饱受风霜，但是他晚年依旧身轻体健、耳聪目明，在旧社会缺医药的条件下，还能享寿85高龄。他的保健之道之一，是常服中药“降气方”，在这方中包括三味中药材，即姜黄、香附和甘草。将这3种中药各适量，一同研磨成粉末，每天早晨空腹服用3钱（约10克），温开水服用。（注：香附的药效是抗菌、抗炎、强心、宁心、降压、下气和理气解郁等。甘草能补脾益气、润肺止咳、清热解毒及调和诸药等。）

第八节　西洋甘菊（果香菊）

别名：果香菊、洋甘菊、春黄菊、杭白菊等。

西洋甘菊是菊科菊目中最古老的芳香植物之一，原产西欧、亚洲及北非。它的学名起源于希腊文，字义是指它有苹果香气。古代西方人很重视西洋甘菊，古埃及人曾经推崇西洋甘菊为“所有花草之首”。古希腊的乡医将西洋甘菊用于处方。中国栽培的白菊花疑与西洋甘菊为同一类物，都为食用菊（详见下述注），目前普遍栽培。

西洋甘菊为菊科西洋甘菊属多年生草本植物，株高10～30厘米，分枝多，叶轮生，叶2～3次羽状深裂，叶片窄长，先端尖。头状花序（花）小型，舌状花银白色，管状花鲜黄色，具强烈清香。

西洋甘菊喜温暖湿润的气候条件，生长适温18～25℃。较耐

寒，也较耐高温，喜日光充足，对土壤要求不严格，但是排水必须良好。

西洋甘菊自古入药，有消炎、杀菌、镇静、助消化及减轻头痛的药效，也可使皮肤柔软，有美容功效。

西洋甘菊浓郁的花瓣常用于沙拉或西餐作汤，也可泡茶饮。其精油用于医药。

[注：西洋甘菊的形态特征等和中国的白菊花（杭白菊，泡茶用）可说是相同的，作者对照上述两者形态的照片完全相同，所以西洋甘菊和杭白菊应该是同一个“种”，至少也是同一类。]

上述两者的植物学学名不同，这是因为对这种植物“定名者”不同的缘故，在植物分类学上，因为“定名者”不同，所以同一种植物有时会有两个植物学学名。

第九节　百里香

别名：麝香草、麝香菜。

百里香为唇形科百里香属的多年生小灌木，供观赏用，也供作一年生蔬菜栽培用。原产地中海沿岸及小亚细亚。百里香也称“麝香草”，它的花语是勇敢、高贵，在古希腊时代它象征勇气、活力、高贵、优美。传说在希腊神话中的绝世美女海伦娜，不忍心无辜牺牲的生命而流下的泪水，一滴滴化为百里香。在中世纪欧洲的妇女们，将百里香绣在出征的勇士的战袍或围巾上，传达爱意，鼓励勇士，保佑平安。

现在百里香在法国和西班牙等南欧国家栽培较广。中国的华北、东北等地有少量栽培，供作观赏。近期百里香在上海有小规模栽培，供作特需蔬菜。

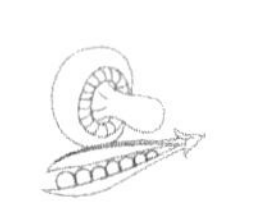

百里香植株高 20 ~ 45 厘米，茎四棱形，多分枝。将其作为一年生蔬菜栽培，植株矮小，高 20 厘米，茎细，略呈匍匐状丛生。其叶对生，叶片小且尖，长 7 毫米，宽 3 毫米，叶面绿色，叶背灰色，叶及茎有特殊强烈的芳香，含发烟硫酸及胸腺等挥发油，故名麝香草。轮伞花序顶生，花冠淡紫色或白色。种子细小，球形，褐色。

百里香性喜温暖干燥气候和充足的日光，较耐高温，也较耐寒，但忌土壤潮湿。

上海地区作为蔬菜栽培引种的百里香，可以周年栽培，但是以春播为主。春季于 4 ~ 5 月播种，秋季于 9 月播种，撒播。播种以后薄覆土，适量浇水，经过 1 ~ 2 周出苗，也可以育苗移栽。

苗期应及时除草、间苗，酌情浇水。苗有 3 ~ 4 片叶时，按株距 20 厘米左右见方定苗。田间管理工作参照罗勒。百里香也可以采用分株法或扦插法繁殖，也可以盆栽或作为庭院观赏栽培。植株长成以后，分次摘取嫩叶供食用。

百里香的茎叶有特殊的芳香，早在公元前 1 000 多年，古罗马时代西方国家有燃烧百里香以驱避瘟疫和老鼠的记载。在西方历史上，英国国王和法官曾经应用百里香来防止在公众场合中受疾病的感染。第一次世界大战时，百里香又成为医院内的抗菌剂和消毒剂。

百里香有抑菌、止咳、镇静和促进食欲等功效。

17 世纪法国的医师化学家雷梅里认为，百里香能强化脑力，改善消化系统。1884 年坎波登研究发现，百里香对神经系统的作用很明显，有助于病人重建元气。

把百里香加入蜂蜜，可以治感冒、咳嗽及咽喉痛。将百里香加入醋中，烧开，待冷却以后，敷于额部，可以抑制头痛。总而言之，百里香可杀菌、增强记忆力、美容护肤、健胃助消化、强化心脏、消除疲劳、缓解呼吸道感染、治疗慢性咳嗽及皮肤感染

等症。

百里香的精油富含高麝香酚和芳樟醇等，十分珍贵。百里香提炼出的精油，除供医用以外，还可以供作香皂及漱口水的原料。

百里香的用途广，嫩茎叶可供食用，尤其是欧洲人所喜食的香辛调味料。其食用方法多，主要用于肉类（牛肉为主）、鱼类、禽类及番茄烹饪时作为调料或配菜，适于作汤、沙拉和面食。西方国家作米饭时，稍加入百里香叶，可使米饭芳香可口。此外，还可用百里香叶泡茶饮用。

百里香又是重要的蜜源植物，雅典附近有许多有名的蜂蜜产地，这是因为当地有野生的百里香的缘故。

第十节　牛至

别名：俄力岗；俗名：小叶薄荷、花薄荷、土香薷、滇香薷、止痢草、披萨草。

牛至原产欧洲、西亚至北非地中海沿岸地区，在欧洲、美国、南美洲及北非普遍栽培，尤其以美国、摩洛哥及南美洲的一部分栽培更广。中国有野生资源，分布于华北、西北及长江流域以南地区，海拔 50 ~ 3 600 米的山坡、灌木丛林边等隙地。

近代在中国上海等大城市郊区有小规模牛至栽培，供作特需蔬菜用。

牛至有特殊的芳香，吸引了古代欧洲人的注意，中世纪（公元 476 ~ 1453 年，相当于中国南北朝至明朝中期）欧洲人把牛至做成香袋，随身佩戴。

牛至为唇形科牛至属多年生草本植物，作一年生蔬菜栽培。植株匍匐生长，高 30 ~ 60 厘米，茎四棱形，绿色，分枝多。叶对生，

宽卵圆形，先端圆钝，长4毫米，宽2毫米，叶边缘为全缘，叶形似薄荷，故有小叶薄荷之称。茎及叶微有白色细茸毛，具特殊的芳香。穗状花序，花冠唇形，花白或桃红色。种子极小，椭圆形。

牛至性喜温和气候，生长适温为10～25℃，喜光，耐寒及耐旱，对土壤适应性广。宜在排水良好、pH为6～8的中性至微碱性的土壤中栽培。

牛至采用播种或分株繁殖法，上海地区3月在塑料棚中播种育苗，4月可以露地直播。因为牛至的种子细小，露地播种以后不覆土。若采用分株繁殖，2～3月在塑料大棚中分株，4月定植露地，行株距20厘米见方，田间管理技术参照罗勒。成株以后，分次采摘嫩茎叶供食，牛至可以连续采收多年，每隔数年更新1次。

牛至有特殊的芳香，嫩茎叶供作香辛调味料。牛至烤鸡是中南美洲国家传统的著名菜肴。意大利菜肴中经常应用牛至，其中意大利披萨中常用牛至作调味料，所以牛至也称为披萨草。还用于沙拉、汤、羹中调味。

牛至有消炎、防腐及祛痰等保健功效，尤其具有非常强烈的抗氧化作用，对多种癌症（包括乳腺癌和子宫癌）都有疗效。其精油用于医药。

第十一节　甜牛至

别名：马郁兰（英名，音同）、甘牛至；俗名：希腊牛至。

甜牛至为唇形科牛至属多年生草本植物，作一年生蔬菜栽培。原产西亚、塞浦路斯和土耳其南部，现代在法国、德国、非洲的突尼斯和埃及、美国栽培。近代在中国上海有小规模栽培，在台湾省也有栽培。

甜牛至植株高 30 ~ 60 厘米，茎细，直径 3 毫米，淡紫色，断面四棱形，匍匐生长，分枝多。叶对生，卵形或椭圆形，先端钝，全缘，长 2 厘米，黄绿色，叶正反面均密生白色细茸毛，全株有浓烈的甜药香味。夏季从叶腋间抽生花茎，穗状花序，花小，3 ~ 5 朵密生在一起，花冠白色，略紫，种子小，深褐色。甜牛至性喜暖湿气候，生长适温 10 ~ 25℃，在 −4℃以下会发生寒害，喜光，忌涝，对土壤适应性广。

上海地区作蔬菜栽培以春播为主。因为它的种子小，出苗较难，必须精细整地，掌握播种及田间管理技术，参见“牛至”节。

甜牛至中含有百里酚，有木质芳香，略带苦味，其药性较牛至强。

甜牛至以嫩茎叶供作菜用，常用于烘烤肉类等菜肴的调味料，也用于沙拉或泡茶饮用，其精油用于化妆品工业及医药。

甜牛至有祛痰、助消化、消炎、防腐及防癌（包括乳腺癌和宫颈癌）等功效。

第十二节 龙蒿

别名：皱叶青蒿。

龙蒿是菊科多年生草本植物，原产亚洲，以后传入欧洲，现在西欧国家，尤其是法国栽培较广。龙蒿的茎叶有香气，是法式名菜主要的香辛调味料。

龙蒿植株高 40 ~ 60 厘米，茎直立，老茎多木质化，有棱，被柔毛，分枝多。根出叶，互生，狭长披针形，全缘，或具小锯齿状，长 8 厘米，宽 0.5 厘米，绿色，香气浓。头状花序，花小，径 1 厘米，球形，白色，种子细小。

市场上应用的龙蒿品种有法国龙蒿、俄国龙蒿及德国龙蒿，尤

以法国龙蒿最著名。

龙蒿性较耐寒，但不耐高温，喜充足阳光，宜于肥沃疏松排水良好的土壤中栽培。龙蒿一般在塑料大棚、温室等保护地中栽培，温暖地区可以露地栽培，并于露地越冬。龙蒿的种子在 10～20℃下发芽。上海地区引种的龙蒿，于 4～6 月播种，行株距 40～60 厘米见方，生长期间应勤锄草、松土，多施氮肥。也可于春季或秋季分株或扦插繁殖，种植 1 次以后，可以连续采收 4～6 年，可以周年采收，但以春季采收的品质较好。

龙蒿的嫩茎叶供食用，香气浓郁，是西菜中（尤其是法式西菜）主要的香辛调味料，它的口味略似中国的“八角”，但是味较温和。龙蒿煮鸡肉是法式名菜肴。

（注：古代中国有多种蒿，所以在古代中国已经开始食用蒿。中国的蒿类香气浓、口味好，古代供作贵族享用。参见本书第一章第十二节“蒿”。）

第十三节 洋葱

俗名：葱头、圆葱、球葱。

洋葱的历史悠久、营养丰富、用途广泛，它更是西方国家必不可少的重要蔬菜和调味料。

洋葱原产中亚，古埃及人在公元前 3 200 年已经食用洋葱。洋葱自古受到古埃及人、罗马人及希腊人的礼遇，古埃及人把洋葱看作“神的象征”，作祭神的供品。埃及人还用洋葱供奉亡灵，在古埃及法老的棺木中，曾经发现许多成捆的洋葱用作陪葬物。古希腊的斗牛勇士和运动员，都大量食洋葱，因为洋葱可以补血。建筑金字塔的奴隶们，将洋葱作为补充体力的极品。

古罗马人和希腊人都相信洋葱的汁液能够提高兵士的战斗力，所以在每次战役以前，战士们都要吃大量洋葱。

古代西方的强体力劳动者或战士，都要吃大量洋葱。美国南北战争时，格莱特将军曾经报告美国国防部："洋葱已经吃完了，战士们没有战斗力。"国防部火速调运大量的洋葱去前线，使战争能够顺利地进展。

古代欧洲巴尔干半岛的老百姓，认为洋葱是壮阳之物，所以在婚礼时，宾客们常常送大量洋葱礼品给新郎。

英国国王查理一世经常随身带洋葱，因为洋葱能使人长寿。

在中世纪（相当于中国南北朝至明朝），欧洲人把洋葱作为最重要的蔬菜和调味料，并且美誉洋葱是"根中的玫瑰"，是膳食中不可缺少之物。英国学者罗伯特曾经说："如果餐桌上没有洋葱，就会失去饮食的享受。"

洋葱是百合科葱属二年生草本植物，以肥大的鳞茎（葱头）供食用。最迟在公元 9 世纪洋葱引进至中国，现代洋葱已经在中国各地普遍栽培。

洋葱的类型和品种很多，按照葱头着生状态不同，分为普通洋葱、分蘖洋葱和顶球洋葱三大类，平常供食用的是普通洋葱。按照葱头的皮色不同，普通洋葱又分为红皮洋葱、黄皮洋葱和白皮洋葱。

洋葱性耐寒，叶能耐 -5 ~ -4℃低温，生长适温 18 ~ 25℃。一般洋葱茎的直径如果超过 6 毫米，这种洋葱植物会在 2 ~ 5℃以下经过 60 ~ 70 天通过春化阶段，之后在长日照条件下抽薹开花。所以洋葱栽培播种必须适时，切忌播种太早，以免引起先期抽薹，不能产生葱头。

上海地区洋葱一般于 9 月播种育苗，每 1 000 平方米苗床播种量为 6 千克，所育成的苗可以栽培大田约 15 300 平方米，苗期忌施肥太多。成苗（4 ~ 5 片叶）以后，定植大田，行距 26 厘米，株距

16 厘米。作好松土施肥、浇水及防治病虫害等田间管理工作，第二年 6 月采收。选择优良种株，于 9 ~ 10 月定植，严格隔离留种，第二年 7 月采种。

洋葱具有丰富的营养，尤其富含蛋白质，碳水化合物，钙、磷等矿物质，微量元素硒，还含有维生素 C 等多种维生素，洋葱还有良好的保健功能。

洋葱有特殊辛辣味，这是因为它含有硫醇二甲二硫化合物等挥发液，经过煮熟以后，可以除去辛辣味。

洋葱食用的方法多，包括生食、熟食（炒食、作汤）及脱水加工等。从保存营养物质的角度言，洋葱生吃可以防止营养物质的损失。

世界各国人民食用洋葱的方法差异很大。洋葱尤其是欧美人西餐中不可缺少的重要蔬菜和调味料，常常用于生食作沙拉，或用于披萨。闻名的意大利面的配菜中，不能缺少洋葱，法国人最爱吃洋葱汤，希腊人擅长于洋葱调味，印度人则爱吃生洋葱，中国人常常吃洋葱炒牛肉丝和洋葱炒鸡蛋。

洋葱有药效，可以补钙健骨、杀菌、清热、解毒和利尿，西方有的医院利用洋葱散发的辛辣气味，辅助预防流感。洋葱可以降脂、降血糖、降胆固醇，以及预防心血管病。洋葱含有的硫醇二钾二硫化合物（为黄酮类化学物质）可以预防血栓的形成，又含有硒，可以预防心血管症、结肠癌和骨癌。

洋葱泡红葡萄酒有助于降血糖和预防心血管症等，近来风靡全球。根据近期报载，洋葱泡红葡萄酒还能辅助治疗糖尿病。

第十四节 黄秋葵

古名：秋葵；俗名：羊角豆（上海）、咖啡黄葵、毛茄。

黄秋葵是锦葵科秋葵属一年生草本植物，原产于非洲，13 世纪在埃及栽培。现在欧洲、非洲、印度、斯里兰卡及东南亚等热带地区广泛栽培。近期黄秋葵在美国和日本都为热门蔬菜。

黄秋葵的果实似羊角，种子似豆粒，故有“羊角豆”之俗名。中国在《本草纲目》（公元 1555 ~ 1575 年）中有秋葵的记载。20 世纪初，黄秋葵再度由印度传入上海市郊区栽培，近期黄秋葵在香港地区也成为热门蔬菜。

（1）形态特征

黄秋葵茎木质化，高 0.5 ~ 2 米，红色或绿色，有光泽。叶掌状、互生，绿色或带红色，因品种不同而异，叶柄长。花冠黄色，但中心部为紫红色，生于叶腋间。果为蒴果，长 6 ~ 15 厘米，径 1.5 ~ 2 厘米，果上有 5 ~ 6 棱，倒圆锥形，先端尖，似羊角状。嫩果绿色或红色，果实的大小和颜色，都因品种不同而异，果实分为 5 ~ 6 室，各室中生种子 5 ~ 12 粒，种子的形状似绿豆，深褐色，有细毛。有些黄秋葵品种的植株与果实上有刺，会引起人的敏感。

黄秋葵的嫩果柔软且黏，剖开食之，其风味和形状略似莲藕。黄秋葵和棉花为同一科植物，所以生长习性及某些形态特征，都有些相似。

黄秋葵的品种，依果实颜色分为绿色种和红色种。

绿色果类型 Large fingers green，茎高 70 厘米左右，叶绿色，长 20 厘米左右，边缘有深缺刻；Tall green，茎高达 2 米左右，茎细分枝少，叶阔大。果绿色，或长，或短；Large finger，茎高 1 米左右，叶淡绿色，果绿色和略带白色，长 25 厘米左右。

红色果类型 如 Penny，茎高 1.5 厘米以上，茎、叶、果都为

红色或紫红色，蒴果长 12 厘米左右，结果数少。

（2）栽培技术

黄秋葵种子发芽和生育的适温是 25 ~ 30℃，在高温条件下，它的发育迅速，生长旺盛，随着温度升高，开花及结果都多。黄秋葵耐旱，也耐湿，但是不耐涝，结果期间切忌干旱。光照充足有利于黄秋葵的生长发育。对土壤适应性广，但是以土层深厚、肥沃、排水良好的壤土或沙壤土为宜。

根据各地不同的气候条件，黄秋葵的栽培方式可以分为露地栽培、塑料小棚栽培、塑料大棚或温室栽培。

露地栽培，一般于 7 月播种，10 ~ 12 月采收。整地时应该多施基肥，一般采用田间直播为主。播种以前宜先浸种 2 ~ 3 天，以提早出苗，穴播，行距 70 厘米、株距 40 ~ 50 厘米，每穴播种子 3 ~ 4 粒，因为种子大，播种应深。播种以后覆土厚 2 ~ 3 厘米，适当浇水。一般于播种以后 7 ~ 10 天可以出苗。苗期要间苗，应该掌握“早间苗、早定苗、留壮苗”的原则，每穴定苗 1 株。

生长期间，勤中耕除草，随着植株的生长，结合培土于根基，以防植株受风害以后倒伏。一般追肥 2 ~ 3 次，不宜施肥太多，以防止植株徒长（疯长），结果减少。生长盛期田间易郁闭，应该适当摘除基部的老叶，改善通风透光条件，并防止植株生长过旺。生长后期（10 月）将主枝摘心（打顶、闷尖），以利结果。

黄秋葵的病害一般较少，但是容易发生虫害，在生长中后期易遭盲椿象等为害，要及时喷药治虫。

黄秋葵一般品种，从植株第 7 ~ 8 节开始每节开花结果，高温季节在花谢以后 4 ~ 5 天就可以采收果实。黄秋葵果实采收的标准是：果实长度 8 ~ 18 厘米，果实重 15 克左右，结果数多的黄秋葵品种，每株可以采收 50 多个果实。结果盛期，一般每隔 3 天左右可以采收 1 次。每亩黄秋葵果实的产量可达 1 500 ~ 3 000 千克。

因为黄秋葵的果实、茎及叶上部有刺毛，所以采收黄秋葵时应

该戴手套，如果被刺以后会奇痒难忍，可以用温水肥皂洗手。

黄秋葵为雌雄同株，留种较容易，为了不影响它的产量，一般是于黄秋葵植株上、中部的果实作留种用。9 月中旬到 11 月上旬采收留种的果实，每 1 000 平方米可收获 50 ~ 100 千克种子。

（注：黄秋葵与棉花都是锦葵科植物，所以它的特性和栽培管理技术有一些和棉花相似。）

（3）营养、功效和食用方法

黄秋葵的果实中，含有丰富的营养物质，每 100 克嫩果中，含蛋白质 2.5 克，糖类 2.7 克，维生素 C 44 毫克，钙 81 毫克，磷 63 毫克，还含有维生素 A、维生素 B 族等。果实中还含有果胶、牛乳聚糖及阿拉伯聚糖等，在现代保健观点中，颇为重视。经常食用黄秋葵，有健胃润肠的功效，所以在国外黄秋葵被看作重点保健食品。

黄秋葵的花、种子和根都可入药，对恶疮痈瘤有药效。

黄秋葵有保健功效，因为黄秋葵有一种类似麝香奇妙的芳香味，在西方的某些国家中称黄秋葵为“亚伯麝香”（亚伯为圣经中人物）。

黄秋葵有药效，包括补肾的效果，所以有“补肾蔬菜”“绿色小人参”等美誉。在某些西方国家中，黄秋葵是运动员指定的必食的蔬菜。

黄秋葵的嫩果中含有黏滑的汁液，可供作蔬菜，为非洲中东等国家中主要蔬菜之一，常用于炒食、煮食、凉拌、制罐及速冻。

此外，它的叶、芽及花也可以食用，从种子中能提取油脂和蛋白质，也可作咖啡的代用品或添加剂。

黄秋葵的食用方法很多，包括凉拌、炒食、油炸、香炸、沙拉及制汤等，但烹调以前，宜洗净以后稍焯，以除去黏涩味，食用方法简介如下。

凉拌　洗净晾干后，切去果蒂（注意不要切破果实），放入沸

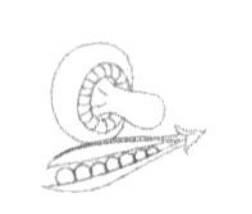

水中焯 3 ~ 5 分钟，捞出后装入盘中，用调味料蘸食。

炒食 洗净、去蒂，放入沸水中稍焯，捞出，切成厚约 1 厘米片备用。另取瘦肉切片，入油锅稍炒，以后加入黄秋葵片，用旺火快炒，稍加醋以减少黏滑味，再加入调料炒后起锅。

油炸 取适量的面粉，鸡蛋一个，盐、糖、味精少量，加水调成糊状，黄秋葵去蒂后，粘裹面糊，下油锅炸至乳黄色时，起锅装盘，蘸调味料食用。

烤食 放入烤箱中烤熟以后供食用。

此外，还可以清炒、炒蛋、炒辣椒或作汤等，食味香美黏滑。

目前市场上有脱水蔬菜干黄秋葵出售，又脆又香，可作零食吃。

第十五节 菊苣

别名：野生苦苣；俗名：欧洲苦荬菜、法国苦荬菜、苦卖菜、法国苦苣、吉康菜、苣荬菜（比利时）、包菜、苦白菜（日本）。

菊苣为菊科菊苣属二年生至多年生草本植物，原产欧洲、亚洲中部及北非，以往在法国路边到处都有野生的菊苣。四千年以前古希腊人就利用菊苣的根，作为咖啡的代用品。目前菊苣在世界各地都有栽培，尤其以法国及意大利栽培更广，为欧洲生菜（沙拉）的主要用材。

菊苣的叶及根的苦味重，必须经过软化以后，才可以食用。近代菊苣进行人工栽培，其品质已经明显改进。菊苣的根干燥以后会产生类似咖啡的香气。

菊苣株高 1.5 米左右，茎直立，中空，有棱，多分枝，叶互生，叶片很长，倒披针叶形，或披针形，深绿色，叶边缘锯齿状，叶形

似蒲公英。初夏抽生花茎，长达 1 米左右，头状花序，花大型，青蓝色，美观，但花形与蒲公英明显不同。肉质根粗短肥大，种子小，褐色。[注：在蔬菜园艺分类学中，有“生食用叶菜类”，包括莴苣、苦苣、野生苦苣（菊苣）、野苣及蒲公英，它们都是菊科植物，菊苣的形态也和蒲公英有一些相似处。]

菊苣的品种可分为软化型和非软化型两大类，前者适于软化栽培，后者不必进行软化。软化型菊苣的品种，又可分为大根种和小根种两类。

大根种 根部肥大，长约 10 厘米，直径 6 ~ 7 厘米，根部经过晒干以后，可作咖啡用，在法国、德国及意大利等国栽培较多。

小根种 根部不肥大，叶色深绿，常带有褐色斑点，经过软化以后，斑点变为红色，宜于生食。

供菊苣栽培用的主要品种有 Large rooted、Root Italiana 和 Lager rooted Brussels。

菊苣的嫩叶、叶球和肉质根可供食用，因为其中含有苦味，必须经过软化以后才能供食用。菊苣经过软化以后，叶嫩、色美，肉质根又会产生似咖啡的香气。

菊苣的栽培方法和结球莴苣（结球生菜）相似，一般于初夏播种，大约经过 5 个月以后，可以培育成肥大粗壮的根株。然后把根株掘起放在室内黑暗条件下，软化 20 天左右，即可取出供食用。在软化期间，宜保持温度 22℃左右。

菊苣的营养丰富，每 100 毫克食用部分中，含蛋白质 1.7 克、糖类 1.1 克、维生素 A 1.2 毫克、维生素 C 24 毫克、钙 100 毫克、磷 47 毫克，还含有维生素 B_1 和维生素 B_2 等。

菊苣为药食两用，在菊苣中含有一般蔬菜没有的苦味物质，即马栗树皮素、皮甙、野莴苣甙和山莴苣素等。

菊苣的中药名为菊苣、菊苣根，具有清热、解毒、利尿、消肿和健胃等功效。

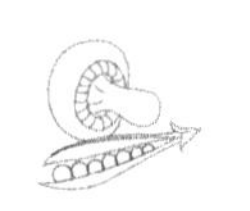

菊苣的嫩叶、叶球和肥大的肉质根都可供食用，叶以生食为主，为沙拉的主要原材料。

经过软化的红色菊苣，常常和紫色的甘蓝（卷心菜）一样，作为沙拉的配料。软化成的奶油色的菊苣叶球，质嫩，口味色泽都美。

叶以凉拌食用为主，也可炒食。幼嫩的肉质根可以似胡萝卜一样煮食，肥大的肉质根经过软化以后，可制成为咖啡代用品供饮用。

第十六节 苦苣

古名：荼、苦菜等；俗名：游冬、天香菜、天精菜等（中国古代俗名）、苦叶生菜、狗牙生菜、花叶生菜、花苣（中国近代俗名）、牛奶菜（欧洲俗名，因为它的茎叶有乳汁）、猪婆菜（欧洲农村俗名，因为它能使母猪多产乳）、苦菊（中国近代商品蔬菜名）。

苦苣为菊科菊苣属一年生或二年生草本植物，原产地为地中海沿岸、中国及印度。苦苣以叶供食用，为历史悠久的野生蔬菜之一。中国在《诗经》（公元前1000～前558年）中已经有多处记载苦苣（荼、苦苣）及其食用，可见中国在三千年以前已有苦苣，并且将它供食用了。现在中国的野生苦苣（苦菜）在各地分布仍很广。

现在世界各地苦苣栽培很广，是欧洲主要的生菜（沙拉）的原材料。在中国北京、上海等大城市郊区，也有苦苣栽培，俗名为苦叶生菜、花叶生菜等。它的蔬菜商品名是苦菊，这大概是因为苦苣的叶有苦味，且它的叶形似菊，故名苦菊。苦苣也为中国近代新发展的时尚蔬菜之一。

（1）形态和特征

苦苣的叶为根出叶，生于短缩茎上，并且随着植株逐渐生长。

叶生长繁茂，长椭圆形或倒披针形，叶长 3 ~ 12 厘米，宽 2 ~ 7 厘米。叶绿色（有的品种为黄色或白色），叶边缘锯齿状深裂，叶面多皱缩，由多数叶片抱合生长成菊花形，甚美观，所以有“花叶生菜”“花苣”之名。（注：有的苦苣品种叶缘细裂，株形很像江南的细叶芥菜——金丝芥、银丝芥。）

苦苣茎直立，高达 40 ~ 150 厘米。头状花序，花冠淡紫色，甚美，每一个花序有小花 20 朵左右，种子短柱形，灰白色。

苦苣性喜冷凉气候，生长习性与莴苣相似，但其耐寒性及耐高温都超过莴苣。苗期生长适温 12 ~ 18 ℃，叶球生长盛期适温 15 ~ 18℃。

（2）品种、软化和栽培技术

现代生产上应用的苦苣品种多，大致可分为阔叶种和皱叶种两大类。

阔叶苦苣 叶片阔大，叶边缘的深缺刻及叶面的皱缩都少。但叶数多，叶色为绿色、黄和白色，一般为矮生种，著名的品种有 white leaved、lettuce 和 Batavian 等。

皱叶苦苣 叶片狭长，叶边缘缺刻深，叶面明显皱缩，外观美，叶色为绿色、黄色和白色，著名的品种有 white curled 等。

苦苣软化的方法如下。

束叶软化 此法适用于春播的早熟品种，于夏季进行软化。方法是：当苦苣的叶生长繁茂以后，将全株的叶片向内束住，以遮断日光。这时正是高温期，所以束叶以后经过 4 ~ 5 天，内部的叶片已失绿且软化时，就应该及时采收，否则叶片会腐烂。

覆土软化 此方法适用于夏播秋收的晚熟品种。方法是：在已长成的菜上，覆上一锹，以遮蔽日光。大约经过 20 天以后，就可以采收。

培土软化 先如上述方法束叶，然后从菜畦的两侧沟中取出一锹土，覆土于菜顶。经过一个月左右以后，菜叶脱色软白，便可采收。

窖内软化 此法适于秋冬季软化，天气冷后，将已长成的菜株掘起，移放于土窖中，遮断日光。经过 20 ~ 30 天，叶已软白，即可采收。应该及时采收，否则会引起菜叶腐烂。

苦苣一般于 3 ~ 10 月露地播种育苗，也可以利用塑料大棚提早播种育苗。苗有 5 ~ 6 叶时起苗定植，行株距 30 厘米 × 20 厘米，其他栽培管理方法参考结球莴苣及生菜栽培。

苦苣叶的苦味重，而且叶片较硬，所以必须进行软化栽培，以除去苦味，并使叶软白以后才可供食用。

苦苣于播种以后 90 ~ 100 天，可以采收，这时苦苣叶片已长达 30 ~ 50 厘米，宽 8 ~ 18 厘米，亩产 1 500 ~ 2 000 千克。

采收以后的菜株容易萎蔫，如果不能及时出售，应该将菜株放于阴凉处，常常浇水，以保持菜株于鲜嫩状态出售。

（3）营养、功效和食用方法

苦苣的营养丰富，每 100 克食用部分中，含蛋白质 1.3 克、维生素 A 0.75 毫克、维生素 C 8 毫克、钙 42 毫克、磷 30 毫克，还含有维生素 B_1、维生素 B_2 等。（注：现代中国某些山区，仍有野生苦苣，根据 20 世纪 80 年代的资料，这些野生苦苣每 100 克食用部分中的营养含量为蛋白质 1.8 克、碳水化合物 4 克、粗纤维 1.2 克、胡萝卜素 1.7 毫克、钙 120 毫克及磷 52 毫克，可见野生苦苣中钙、磷等矿物质含量更高。）

苦苣中含有酒石酸和苦味素等化学物质。

苦苣为药食两用，苦苣药用载于《嘉祐本草》《千金食治》等医书，苦苣于书中的中药名分别为褊苣、野苣。

中医认为，苦苣性寒，味苦，无毒，有消炎解毒的作用。适用于阑尾炎、肠炎、扁桃体炎、咽喉炎及乳腺炎等。外用可治疗疔疖肿。因为苦苣中铁的元素含量高，可预防贫血及清肝利胆，促进儿童生长发育。

苦苣的嫩叶供食用，它的风味略似叶用莴苣（生菜），但是味

更美。苦苣口味的特色是略带苦和清香味，但爽脆可口，尤其在吃多油腻食物以后，吃一些苦苣，可以解油腻及开胃。

野生苦苣的食用方法 现代中国仍有一些山区人民采食野生苦苣（苦菜），其食用方法为春秋采野生苦菜嫩叶，洗净，浸水中数小时以后，煮汤或炒食。

人工栽培苦苣的食用方法 主要供作生食，为欧洲主要的生菜（沙拉）的原材料。苦苣经常食用的方法举例如下。

苦苣凉拌紫甘蓝：原料为苦苣、紫甘蓝、姜和蒜（根据需要，酌情放入）。调料为盐、鸡精、白醋、橄榄油和辣椒酱等。制作方法：将苦苣择过、洗净，紫甘蓝洗净、切段；两者分别过水轻焯、沥水、晾凉；把苦苣叶放在盘中摊开，蒜、姜分别切成末；另取一个盘，放入紫甘蓝、蒜和姜末，再加入调料，充分拌和以后倒入苦苣叶上即成。这是一份最常食用的苦苣生菜，它的色彩鲜艳，食味清鲜爽口，五味俱全，开胃清肝，真是凉拌菜中之珍品。

凉拌苦苣：原料为苦苣、姜和蒜；调料有盐、鸡精、白醋、橄榄油和生抽等。制做方法是：将苦苣择过，洗净，轻焯，沥水，晾凉，摊在一个盘中；姜、蒜分别切成末，放入盘中，再加入多种调料，充分拌和，即成。这份凉拌菜制作简单，色鲜绿，食味清脆爽。

凉拌苦苣鲜蘑菇：主料为苦苣和蘑菇；调料有盐、鸡精、白醋、芝麻、米酱和香油；制做方法是：将苦苣洗净，焯过，沥干，晾凉，切开放入盘中；蘑菇洗净，切丁，焯水，控干，晾凉；姜、蒜分别切成末，放入同一个盘中，加入盐、鸡精、芝麻和香油等搅拌均匀，即成。这份拼盆色彩素洁，食味清爽鲜美。

蔬菜沙拉：主料为苦苣，配料为胡萝卜丁和樱桃小番茄等多种蔬菜等，将主料和配料放入同一个盘中即可。这个拼盘，色彩食味都美。

其他的食用方法还有干煎三文鱼拌苦苣沙拉、鸡肉苦苣沙拉和苦苣炒肉丝等。

第十七节 神香草

别名：柳薄荷、牛膝草、海棠草。

神香草是古代欧洲著名的香辛调料蔬菜，在印度它是著名的药用植物，原产欧洲，分布于亚洲中部和北非，中国新疆有栽培。

神香草为唇形科神香草属多年生半灌木，植株高 20 ~ 50 厘米，茎多分枝，钝四棱形，有短柔毛。叶线形，长1 ~ 4厘米，宽2 ~ 7毫米，先端钝，基部渐成楔形。无叶柄，边缘有短粗毛，叶边缘稍内卷。轮伞花序，3 ~ 7 朵花腋生，常偏生于一侧，成为顶生的穗状花序。花冠浅蓝色、紫色，长约 1 厘米，花期 6 月。

喜温暖气候，发芽适温 18 ~ 25℃，生长适温 15 ~ 18℃，宜微酸性沙壤土栽培。一般作灌木栽培，也可盆栽。以播种繁殖为主，宜先育苗移栽，也可以分株或扦插繁殖。

神香草的用途很广，嫩茎可供菜用，味似薄荷，供作沙拉、汤，或切成酱状作凉拌菜调料等。茎、叶和花可作泡酒用香料，植株也可以供酿酒。

全株制成的精油称神香草油，药用，有刺激、健胃、驱风、驱虫、利尿和强壮等功效。

第十八节 菜用鼠尾草

别名：润叶鼠尾草。

鼠尾草的英名字义是“圣人”。在古希腊和古罗马时代，鼠尾草被推崇为“神圣的香草”。它的西方花语是拯救，意思是可以解脱世人疾病的苦难。

鼠尾草是唇形科多年生草本植物，原产欧洲南部地中海沿岸。现代鼠尾草在欧洲国家作为蔬菜栽培，常常用它的嫩茎叶供作西餐香辛调料，西式糕点中作为香料。20世纪80年代以后，中国上海郊区有小规模鼠尾草栽培，供作特需蔬菜。

鼠尾草植株高50厘米，分枝多，茎横断面四棱形。叶长椭圆形，长5厘米，阔2.5厘米，绿色，茎及叶被白色细茸毛。其具芳香，含有松油精等挥发油。轮伞花序，每花序10～12朵花，花唇形，紫色。种子黑褐色，略似芝麻粒。夏季开花。

鼠尾草这一名词在中国并不陌生，早在20世纪30～40年代，在杭州等城市的公共绿化区中，曾经普遍栽培鼠尾草，供作观赏。不过观赏用的鼠尾草，花为鲜红色，十分美观，当时人们不曾想到鼠尾草可以作菜用。

鼠尾草含有纤维素、蛋白质及钙等营养物质及抗衰老物质。

鼠尾草用种子繁殖，以春播为主，成苗以后定植，行、株距20厘米左右，栽培管理较简易。

从古至今，欧洲人广泛使用鼠尾草治疗疾病。在法国南部有一句古代的谚语：“家有鼠尾草，医生不用找。”

鼠尾草可供药用，现代医药研究证实，鼠尾草所含的有效成分具有滋养脑部和激活脑细胞的功能。鼠尾草含有雌性激素，对女性的生殖系统有帮助。鼠尾草还含有苯酸和崔柏酮成分，可杀菌及预防感冒。鼠尾草能促进细胞再生，有利于头部毛发生长。

鼠尾草的嫩茎叶可作西餐调味料，常用于美式烤火鸡、酸黄瓜沙拉等菜肴，以及西班牙海鲜饭、汉堡包和鼠尾草籽磅蛋糕等。

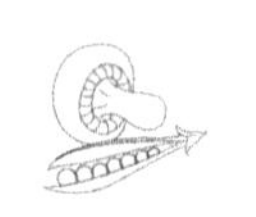

第十九节 欧当归

欧当归是伞形花科欧当归属多年生草本植物，茎短缩，叶片大，羽状 2 ~ 3 裂，叶基部深裂成楔形。根茎肥大，有多数支根。花小，绿色，种子船形。原产欧洲南部和伊朗南部，亚洲、欧洲及北美洲有栽培，中国近代有引种。

性喜温暖湿润气候，生长适温 20 ~ 22℃，要求肥沃的土壤，充足的水分。

根茎可入药，有增进食欲、利尿及祛痰的功效，具有类似当归的香味，叶柄作菜用，常用作沙拉生食，也可炒食。

第二十节 琉璃苣

琉璃苣是欧美人喜食的香辛调料蔬菜，也是欧洲有七百年历史的药草，还用于庭院或盆栽观赏，又为一种蜜源植物。原产地中海地区及西欧，欧美及北非等国广泛栽培，中国于近期引种。

琉璃苣为紫草科琉璃苣属一年生草本植物，株高 30 ~ 100 厘米，茎中空；叶顶生，长椭圆形，大型，粗糙，茎叶都被白色刺毛；伞形花序顶生，松散下垂，花茎淡红色，花冠星形，花色淡蓝或白色；种子为小坚果，长方形，棕黑色。

琉璃苣性喜温和气候，在 5 ~ 21℃、年雨量 300 ~ 1 300 毫米的地区，都能生长良好，喜光，耐旱，又耐高温多雨，宜酸性沙壤土。

叶和花供作药用，有益肾、壮阳、利尿、促进泌乳和止咳等功效。

琉璃苣具有小黄瓜味，欧美人以嫩茎叶的汁液和花作菜用，供

作沙拉、菜肴或泡茶的配料，还用于葡萄酒等食品工业。花可以用于制糖果，种子提炼精油，可以作为月见草油的代用品，治风湿、月经不调和外用治湿疹。

第二十一节 香蜂花

别名：香蜂草、蜜蜂花、薄荷香脂、蜂香脂等。

香蜂花为唇形科香蜂花属多年生草本植物，原产俄罗斯及中亚各国，分布于伊朗、地中海及大西洋沿岸国家，中国民间有引种栽培。

株高 30 ~ 60 厘米，茎直立或近于直立，多分枝，被柔毛，断面四棱形；叶对生，近心脏形，较长，叶缘锯齿状，叶面多皱纹；轮伞花序，顶生或腋生，花冠黄色、白色、略带桃红色；小坚果近圆球形，黑褐色；种子发芽率偏低；植株小型，茎细，可以盆栽。

香蜂花性喜温暖气候，较耐高温，也较耐寒，虽在零度以下低温，植株仍旧绿油油；较耐旱，但不耐涝，宜于排水良好的沙质壤土栽培。

香蜂花有柠檬香味，其主要化学成分为柠檬醛、沉香醇、香叶醇、香茅醛和薄荷烯酮。有镇静、抗病毒和抗氧化等保健功效。

嫩茎叶供食用，具有柠檬的酸味，为西餐中常用的调料，适合多种菜肴的配料及甜点心类，可供凉拌、生食或作沙拉配料，亦可作肉汤调味料，也用于茶饮，作为果汁、酒的香精料，或用作药草枕头。

第二十二节 到手香

俗名：延命草、还魂草（广东）。

到手香是热带地区一般家庭经常栽培的观赏药草，因为人碰到它以后，会产生舒适的香气，故名到手香。

到手香是唇形科到手香属的多年生草本植物，植株高15 ~ 35 厘米，全株密被细茸毛；叶对生，肥厚，广卵形，先端钝圆或尖锐，边缘锯齿状，略向上卷，有强烈的香气。其原产于马来西亚和印度，中国广东有栽培。

到手香性喜高温高湿，但耐旱、耐阴，宜疏松肥沃排水良好的沙壤土。其主要以扦插法繁殖，春、秋季为扦插适期，成株以后进行摘心（打顶），以促进分枝。

其可供作庭院观赏和药用。全草入药，清凉，消炎，祛风，解毒，治感冒发热、扁桃体炎、咽喉炎、肺炎、寒热胸腹满涨及呕吐泄泻等症，外用治刀火伤。广东民间偏方，摘取到手香的嫩叶，洗净，稍加盐，放入口中，可以速效止喉痛和声音沙哑等症。

以嫩叶嚼食，或作汤，餐前饮用。

第二十三节 碰碰香

碰碰香是唇形科马齿花属（延命草属）多年生草本植物（灌木状）。

碰碰香茎蔓生，多分枝，全株被白色细茸毛，嫩茎绿色或泛红晕；叶对生，卵圆形或倒卵圆形，叶片厚，革质，叶面光滑，叶边缘钝锯齿状，伞形花，花色深红、粉红、白色或蓝色。

碰碰香原产地非洲、欧洲及西南亚。其性喜温，生长适温10～30℃；扦插或压条繁殖。碰碰香的茎叶香味浓且甜，有“苹果香的美誉”。取碰碰香的鲜叶泡茶或泡酒，味美。

第二十四节 独行菜

别名：芥荠、胡椒草、葶苈子、北葶苈、苦葶苈（中药材名）；俗名：辣辣草（东北）、胡椒草（日本）。

独行菜是十字花科胡椒草属一年生草本植物，原产伊朗。因为在非洲埃塞俄比亚发现独行菜的野生种，所以不排除原产非洲的可能性。独行菜在欧洲栽培的历史悠久，在古罗马时代德国独行菜的栽培已经较普遍，英国从16世纪开始栽培独行菜，现在栽培普遍，并且已成为英国的主要香辛调味蔬菜。

现代独行菜在世界上分布很广，包括欧洲的西部、俄罗斯、地中海沿岸、亚洲东部及中部等地区；在中国也分布很广，包括东北、西北、华北、西南及苏、浙、皖等地，海拔200～400米的山坡、山沟及路旁等隙地；近代在我国大城市郊区有少量特需栽培。

独行菜植株高5～30厘米，茎直立，或斜生，多分枝；子叶呈3个深裂，形状奇特；根出叶为二回羽状复叶，绿色，有长叶柄；花茎叶自下向上叶柄渐短，叶形也渐成全缘线状，分枝多；叶及茎都有芳香，总状花序，花小、白色，果实为短角果，种子小，长椭圆形，长2毫米，宽1毫米，淡褐色。

独行菜性喜冷凉湿润气候条件，它是生长期最短的一年生蔬菜。在温带及亚热带，春秋两季栽培，栽培技术简易，它的栽培方式很像以往上海郊区的“鸡毛菜”栽培（白菜的芽苗栽培方式）。

直播、撒播应密播、匀播、一次性采收。由于独行菜生长期很

短，在15℃温度下，播种后2天种子发芽出土，播种以后半个月就可以采收。每隔20天左右，可以再种一茬。所以种子的发芽率高、发芽势强是独行菜栽培的关键技术。严寒及炎热季节，应该加强保护措施，保持适温。独行菜还可以应用盆、钵等进行容器栽培。

独行菜叶茎所含的营养丰富，每100克鲜菜中，含维生素C 79毫克（为番茄含量的3倍多）、钙151毫克及维生素A等。

独行菜有特殊的香味，它的种子含有芥子油一类的物质，因此在国外独行菜作为香辛调料或药用。欧洲国家独行菜一般用作沙拉，在东南亚国家独行菜主要用于药用。独行菜在中国一般用于炒食。

独行菜具有促进食欲、利尿和抗坏血病等功效。独行菜的中药材名称为葶苈子、北葶苈等，全草和种子供药用。中医认为独行菜全草有止咳的功效，种子有解毒、消水肿和平喘的功效。

第二十五节 鸭儿芹

别名：野蜀葵、山芹；俗名：鸭脚板、鹅脚板、三叶芹（日本）。

鸭儿芹是伞形科鸭儿芹属多年生宿根草本植物，常常作为一年生蔬菜栽培，原产中国及日本，在东亚、北美洲温带地区有野生种。

鸭儿芹植株高30～60厘米，野生种株型较张开；叶为根出叶，叶柄长，淡绿色，经过软化栽培以后，变成绿白色；叶柄的先端为三片心形小叶，小叶的边缘浅缺刻，其形似鸭脚掌，故名鸭儿芹。又因为每一个复叶中有三片小叶，所以它的日本名为三叶芹。夏季抽生花梗，长约60厘米，其上簇生小形白色花，种子黑褐色。鸭儿芹茎叶柔软，品质优良，具有特殊的香气，是日本栽培的主要蔬菜之一。鸭儿芹性喜冷凉潮湿气候及半荫地，忌高温干燥和强光，

生长适温为15～22℃，耐寒性强。

按照产品的不同，日本鸭儿芹的栽培方式分为青芹栽培和软化栽培。鸭儿芹的生长期短，青芹栽培一年可收获8～10茬。软化栽培采用壅土软化法。（注：软化栽培法似中国壅土生产韭黄的方法。）

鸭儿芹多年连作以后，会使病害严重，所以日本的鸭儿芹常常采用无土栽培（水耕）。

中国的鸭儿芹主要分布于长江以南地区。在《本草纲目》中，鸭儿芹被列入可食的野草类。鸭儿芹含有丰富的营养物质，尤其是维生素C及蛋白质含量高，每100克鲜菜中，含蛋白质2.7克、碳水化合物9.0克、纤维素2.2克及维生素C 33毫克。还含有维生素A、维生素B_1、维生素B_2及钙、磷、铁等矿物质。鸭儿芹的化学成分为鸭儿烯、开加烯和开加醇等挥发油。

鸭儿芹以嫩茎、叶供食，质地柔嫩，清香鲜美，风味独特，是日本人民非常爱吃的蔬菜之一，也是日本料理中著名的菜肴之一。鸭儿芹的食用方法很多，最常用的是凉拌，也可以素炒，或与猪肉、牛肉一同炒食，也可以作汤、羹，或煮成粥供食用。

鸭儿芹全草可入药，其煎液对葡萄球菌有一定的抑制作用，具清热解毒、活血化瘀及止痛止痒的功效，主治感冒、咳嗽、风热牙痛、肺炎、尿路感染及肿毒等症，叶外敷治蛇蜂螫伤毒。

第二十六节　蜂斗菜

别名：款冬、蕗、水斗菜、金石草、款冬菜等。

蜂斗菜是菊科款冬属多年生草本植物，原产亚洲北部，野生于中国东北、朝鲜半岛及日本的山谷等处，在日本有人工栽培，为日本人爱食的蔬菜之一。

蜂斗菜中有的栽培种全部为雌株，有的雌株雄株各一半，都为三倍体，能开花，但不结子，一般采用分株繁殖。

蜂斗菜地上部分的生长以 2 月至 5 月及秋季最盛，夏季高温期生长衰弱，降霜以后，茎叶枯死，但是根株能够安全越冬，到第二年的二三月，在接近地面处出现花蕾，以后抽穗开花，花茎高达 70 厘米左右。

当花茎已抽出地面，但是花蕾还未张开时，可以采收食用，供作香辛调料，这种花蕾日本人称为“蕗蕾”。花蕾张开以后生出叶，叶片圆形且大，叶表面粗糙，叶柄长达 35 ~ 70 厘米，多肉质且柔软，有一般香气和异味。把它煮熟以后，倒去汁水，可以明显地去除异味。

蜂斗菜可以分为以下 3 个类型：白花蜂斗菜的叶柄绿色，叶片不大，叶肉肥厚，植株较矮，发芽最早，以采叶食用为主；红色蜂斗菜的叶柄微红色，粗大，花蕾肥嫩，发芽早，以蕾用为主，但是口味不及白花蜂斗菜；大蜂斗菜的生长势强盛，叶柄长且粗，嫩叶可供菜用，但是品质不及上述两种。

蜂斗菜常常自生于山野之间，不必栽培，但是为了提高蜂斗菜的品质，仍旧以人工栽培为宜。

蜂斗菜性喜冷凉湿润气候，生育适温 10 ~ 23℃，宜肥沃的黏壤土，忌连作。

深耕整地，多施基肥。筑成高畦，宽 90 ~ 120 厘米，高 20 厘米。栽苗的时期可以为春天或秋天，春天的产量较高。按株距 20 ~ 25 厘米栽植，每 1 平方米中可栽 15 株左右，宜浅载，深 3 ~ 5 厘米为宜。栽植以后浇水，在地面盖草防干旱。

生长时期要勤中耕除草，需多次浇水。追肥一般 4 次，分别在抽生花茎时、幼叶出土期、生长期和采收期，以氮肥为主，配合磷、钾肥。夏季高温期，在地面铺草以降温保湿，冬季地面也盖草防寒。

严格防治病虫害，包括白粉病、枯萎病、病毒病及线虫。也

应严格掌握采收期，必须在第二个芽伸长至 10 厘米左右时，才可以开始采收。可以连续采收 5 ~ 6 年，以第三年的产量最高，亩产约 1 300 千克。蜂斗菜可应用塑料大棚或温室栽培，室温掌握 20 ~ 25℃。

蜂斗菜以具特殊香气、肥嫩的叶柄和刚出土的花茎作为香辛调料食用，方法有水煮、罐藏和糖渍等。它的花和根茎有苦味及芳香，也可以作药用，有健胃止咳润肺及消炎等药效。（注：款冬有菜用及药用两种，菜用款冬又名蜂斗菜。）

日本人爱吃蜂斗菜，蜂斗菜类的食材，被日本命名为“蕗蕾”。在现代日本的温泉旅馆餐厅中，可以吃到蜂斗菜。春天吃蜂斗菜主要是花蕾，要吃嫩的，味才鲜美，正好像中国人吃春笋，要求鲜嫩一样。在其他季节吃的蜂斗菜，常常是叶柄，味虽清香却有点脆硬，食味有点像芦笋。总之，如果讲究美味，还是以春天吃花蕾为宜。

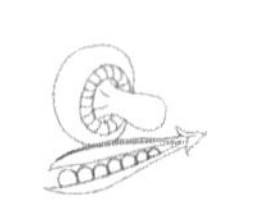

第三章 蔬菜加工技术

第一节 雪里蕻

（1）雪里蕻腌制法

雪里蕻简称雪菜，民国以前至民国期间，江南地区人民普遍腌制雪菜，雪菜风味鲜美，自家腌制，自家食用，经济实惠，且可以增加四季供应的蔬菜种类。江南地区雪菜传统腌制方法一般如下。

正常腌雪菜的时期，是小雪节左右（11月下旬）。这时田间菜已经长成，且气温已下降，有利于腌菜。采收整株雪菜，把它们摊开，堆于室内通风处，在堆菜期间要常常翻动，防止菜发霉，并且使上下各层的菜能够均匀脱水。结束堆菜的时期，以菜株已经逐渐变软，且由绿色渐变黄为度。然后把菜充分洗净，再行晾晒，晾去一部分水分，再把已晾过的菜供腌制，大多腌制的容器用缸。

把已晾过的雪菜，放入缸中，同时分批加入盐，一层菜上撒一批盐，把菜株一层层地压紧。大多腌菜时，雪菜装满缸以后，在菜层的上面放一个井字形竹架，在竹架上再用力把缸中菜层充分踩紧，最后在菜层上面再用大石块压住，以后绝对不能翻动菜，使腌制的雪菜慢慢正常发酵。大约经过一个月以后，菜色渐渐变黄，缸

中液面浮起众多泡沫，且散发阵阵菜香，这时腌菜已制成，可以开始取菜供食用。

腌雪菜的技术虽然不难掌握，但是要腌制成功，特别是腌制优质的雪菜，还应该精心掌握腌制技术。

首先，应该选用适于腌制的鲜雪菜优良品种，宜用黄色细叶的雪菜品种，不宜用株粗、大叶、色深的雪菜品种。上海郊区南汇老港的塌饼以美味著名，塌饼之所以味美，其主要原因之一是塌饼的馅子中必须用鲜嫩的黄种雪菜，其次用盐量必须严格掌握适度，每5千克晾过的菜中，加入粗盐1 500克。腌菜时应该分批放入，分批压紧压实，使腌菜的发酵作用能够正常进行。

雪菜腌制以后，已经逐渐进入隆冬。那时候，江南人常常把新腌成的雪菜炒冬笋片，或者再加入肉丝同炒；喜欢吃素的人，则常常用雪菜烩豆腐，味也鲜美。

其实，雪菜吃法还有很多，可以单独吃，加入一些麻油后，早晨佐泡饭，爽口开胃。雪菜食用的妙处还在于百搭，它可以和素菜搭配，例如雪菜炒笋片、雪菜炒毛豆及雪菜烩豆腐等。雪菜也可以和荤菜搭配，例如雪菜炒肉丝和雪菜烧黄鱼等。雪菜又宜煮汤，雪菜豆瓣汤、雪菜黄鱼汤，味鲜价廉，都是江南民间闻名菜肴。

雪菜更是面食优良的浇头（调料），在上海大大小小的面馆中，雪菜肉丝面，价廉物美，最受人欢迎，杭州著名的“片儿串”汤面，就是用雪菜、笋片和肉丝“三片”串成。咸雪菜又是北京涮羊肉的调料之一。

（2）倒笃菜制法

倒笃菜是雪菜的衍生物，也是浙江绍兴著名的腌菜类之一。“倒笃”是俗语，字义是“倒放”，也就是腌菜时把容器倒放。

倒笃菜不像雪菜那样咸，味较清淡，有一股暗香气，而且菜较干、较轻，便于携带和存放。

倒笃菜的传统腌制法和雪菜的腌制法有一部分相同，它的原料

为鲜雪里蕻，第一阶段的腌制法和上述雪菜制法相同。雪菜腌制成以后，取出腌雪菜，切成段，再将切段的腌雪菜装入另一个容器中。所用的容器不宜太大，能容菜5~10千克即可。把腌雪菜装入另一容器中时，可以加入少量炒过的食盐。用干净的棒槌把菜层充分捣紧。菜装满罐以后，在罐口包稻草一层，使外界空气不能直接和罐中的菜接触，以免腌菜变质，罐口再包竹箨一层，扎紧，然后把罐倒放在室内泥地上，或地面的稻草灰上，逐渐沥去罐中过多的卤汁。大约经过一个月以后，腌菜已经稍干，并发出一阵暗香气时，菜已腌制成，可以开罐取食。取食倒笃菜以后，必须再封紧罐口，防止外界空气进入，以致菜味变酸。

如果腌制成的倒笃菜能够采用现代包装技术，那么倒笃菜更能久存，并保持它的优良品质，而且更便于携带。

清代名人美食家袁枚很赞赏倒笃菜的美味，并且在《随园食单》中写道："且有清热消暑的功效，是家常菜中简便难得的实用珍品。"

腌菜罐倒置的腌菜方法，在上海郊区民间也有应用，清朝上海郊区的人民普遍食罗汉菜，罗汉菜是用野草（柝蓂）腌制成的。上海地区《嘉定县志》（1930年）载："罗汉菜一年生草本，产岗身等处，盐渍为菹，盛以瓦瓶，倒置于稻草灰中，数月后取食，味鲜美……为邑人所重。"由此可见倒笃菜是无独有偶。此外，上海崇明岛也曾经用腌菜倒置法。

（3）梅干菜及笋干菜制法

浙江绍兴历来以产梅干菜闻名，它也是浙江腌菜中的佼佼者。梅干菜是雪菜的衍生物，它不仅具有雪菜的优质，更有一股强烈的清香，又便于久存和携带。梅干菜烧肉是江南名菜肴，奇香扑鼻，令人食之难忘。

绍兴一带人民历来自制梅干菜供食用，清朝绍兴人在外地做官的人很多（俗称"绍兴师爷"）。他们去外地时，常常把梅干菜带去外地，这样使梅干菜逐渐驰名于国内各地。现在绍兴人去远处长期

工作，往往也带一包梅干菜去外地，以备不时之需，这也可以说是莼鲈之思。

制梅干菜的原材料是新鲜雪里蕻（雪里蕻是细叶芥菜类中的一种），也可以用大叶芥菜。

梅干菜的传统腌制方法，第一阶段和上述腌雪菜方法相同。雪菜腌成以后，取出整株雪菜，切成段（长约 2 寸，即 7 厘米左右），放入锅中加水煮熟，再将已煮熟的菜放在室外的竹匾上晒，充分晒干以后贮藏。

如果将笋切片，放入锅中，和腌雪菜一同煮熟，以后再和腌雪菜一同晒干，就成为笋干菜，笋干菜比梅干菜品质好，食味更鲜美，尤为夏季汤用的佳品，且食用也方便。

梅干菜可以久存，随时取出食用。正如上述，梅干菜烧肉是江南家常名菜肴，用梅干菜烧肉时，梅干菜的香味渗入猪肉中，猪肉（五花肉）的油腻又被吸进梅干菜，所以奇香扑鼻，既鲜又糯，闻后使人馋涎欲滴。梅干菜也宜于炎夏作汤，既消暑，又开胃。梅干菜还用于包子、面饼中作馅料。

梅干菜、倒笃菜与雪里蕻，美味实用，虽然三者的食用方法稍有不同，好似“八仙过海，各显神通”。不过这三者更可以说明华夏古吴越饮食文化的精英，正如绍兴山阴的《兰亭集序》书法艺术，传承古今，弘扬中华传统文化，享誉中外。

倒笃菜创造历史小记

倒笃菜究竟起源于什么时代，目前无法考证。根据传说，倒笃菜的产生是由于一次腌菜工艺中的偶然错误。从前当地人腌菜时浪费很大，有时大量腌菜会烂在坛中。有一次一位老婆婆不小心，把腌菜的坛子撞翻了，在黑暗处，她无意中将腌菜坛倒放在房间角落里的地上，经过 1 个月

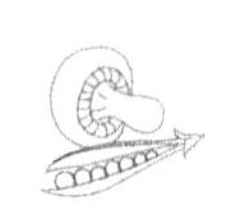

后，这个倒置坛中的腌菜不但没有烂掉，反而由于菜中卤汁流完，菜的口味变得十分清香鲜美。大家认真总结了这个偶然事件的经验，这样腌菜时把容器倒放的方法，就很快地流传开来。

我国腌白菜、腌雪菜的历史尚待考证，但是下述一些古籍中，记载了古代腌菜的事实，可以作为我国腌菜历史的参考。

南北朝《北史·高允传》记载了当时皇帝莅临高允家访问的情况："是日，幸允第，唯瓦草屋数间，布被蕴袍，厨中盐菜而已。"这几句的意思是：那一天皇帝去高允家访问，只看见几间茅草屋，破旧的衣服和厨中的一些腌菜（过冬吃的小菜）而已。这段文字反映了高允为官之清贫，也指出我国南北朝（约公元前5世纪）已经有腌菜了。

明朝莫旦《苏州赋》载："比屋盐虀，为御冬之旨蓄。"指出明朝江南地区人家冬季都腌白菜，以备冬季供食用。

清朝蔡云写的《吴歈》诗云："晶盐透渍打霜菘，瓶瓮分装足御冬，寒溜滴残成隽味，解酲（注：酒醉状）留待酒阑供。"这首诗对江南冬季腌白菜赞美很生动，诗意是：经霜打过的白菜用盐腌渍，装满了瓮罐等，足够过冬食用。寒冬渐渐过去，腌菜的风味更鲜美，也可作解酒醉的美食用。这首诗也反映了清朝江南人家冬季普遍腌白菜的盛况。

第二节 四川榨菜

四川的榨菜口味鲜美且辣，畅销中外，享誉国际。它的腌制加工技术也有很多特色，较一般的腌菜技术明显不同。四川榨菜传统腌制技术（民国期间民间采用的方法）简介如下。

（1）加工用的鲜榨菜品种

四川是“天府之国”，在四川省中有一些其他省市没有的优良的农产品。人们都知道四川加工腌制的榨菜，其实在四川省中还有不少优良的鲜榨菜（茎用芥菜，四川人俗名“青菜”）品种，可供鲜食用，口味鲜美，也可供作腌制，它们是中国的特产。如果四川省没有这些优良的鲜榨菜品种，那么四川省也就不可能有美誉的榨菜腌制品了。

四川省供作腌制榨菜常用的鲜榨菜优良品种有草腰子、三转子和鹅公包等，这些名称都显示这种鲜榨菜品种菜头的形态。

（2）榨菜腌制技术程序

原材料的整理 将采收后的鲜榨菜头洗净，稍晾干，削去外皮，每个菜头剖切成2～4片，然后用长的竹篾丝将已切好的鲜榨菜片，一片一片地从每片的中心穿过，成为一串榨菜片。

搭架 大量腌制时，须在日光充足通风处搭成大型竹架，以供晾菜；但家庭少量腌制时，把成串的鲜榨菜片挂在树枝上晾晒，不必搭架。

晾菜 取出长竹篾丝中的榨菜片串，挂在竹架上晾晒，任风吹日晒。晒1～2周以后，每100千克鲜菜头，可晒至50千克左右较干的榨菜片，这时可以开始腌制。

第一次腌制 把已晒成半干的榨菜片从竹篾丝上取下，放入斗框（一种用竹篾编成的圆形容器，似匾，直径一丈余，边高5寸左右）。把鲜榨菜片摊开，并腌制。每100千克原料，需加盐7.5千克。

将盐撒入榨菜片中，手用力揉搓榨菜片，并且不停地上下翻动，使盐和榨菜片密结，然后把榨菜片放入大木桶中（四川俗名“皇桶”）或缸中。把榨菜片一层一层地放入，并压紧，在最上层撒盐，然后用蒲席等把桶（或缸）口盖住。

第二次腌制 用上述方法腌制以后三四天，食盐已经溶入榨菜中，这时把菜片翻转，再行一次腌制。从缸（或桶）中取出已初腌的榨菜片，放入另一斗框中，每 100 千克菜，撒入盐 5 千克。按照第一次腌制法，两手不停地翻菜，尽力揉搓，一定要使盐和榨菜片充分混合。以后把菜再装入另一个缸或桶中，成层加入并压紧，最上面再撒盐，然后盖上木板。

压紧 将腌过的榨菜片装入篾包中，用木棍等用力向下压榨，将榨菜头中的水分逐渐压榨出，使菜体中保持少量的水分。

去菜筋 用刀除去菜头上残留的粗皮和叶柄（俗称菜筋）等。

第三次腌制及加香料 这一次腌制为每 100 千克鲜菜用盐 3.5 千克、红辣椒干 625 克、花椒 250 克左右和其他一些香料，干红辣椒应该先磨碎，其他香料都为粉末。香料的多少可以按照用户的需要适当增减。所用香料除辣椒、花椒以外，还有姜、茴香、八角、广香、橘皮、甘草、白芷及烧酒等。（注：这些香料当时在四川省的中药店中都有出售。）

装坛 榨菜坛最大的可以装榨菜制成品 50 千克，一般大小的榨菜坛可以装榨菜 25 ~ 30 千克。

装坛以前，先将坛内用水洗净，再倒入一些烧酒消毒。在室外空地上挖浅土穴（穴的深浅比坛的高度稍浅），把榨菜坛放入土穴中，然后装菜。把已腌制的榨菜和香料等，一层层地装入坛中，并且用木棍层层压紧，压得愈紧愈好，最后菜装满坛并扎紧。

封住坛口并装竹络 坛中装满菜头以后，加入一些烧酒，并撒盐一层。然后用已经晒干的“菜筋”将坛口塞紧，塞得愈紧愈好。以后用商标纸盖住坛口，其上面用生石灰等制成的糊料封住坛口，

外面再包以油纸。在坛外再套上竹络，用以保护菜坛，且便于菜坛的运输。

闲话榨菜创造的历史

榨菜是我国著名的腌菜美食，也为世界三大著名腌菜之一，其余两者为德国的甜酸甘蓝（洋白菜和卷心菜）和欧洲酸黄瓜。

国人只知道四川盛产榨菜，关于榨菜究竟是怎样创制成的，大家很少知道，以下简介榨菜的创制历史。

参阅《四川文史资料》四川涪陵人邱寿安创制榨菜。

榨菜始创于1898年，创始人邱寿安，四川涪陵（今重庆市涪陵区）人。邱寿安早年在湖北宜昌开设“荣生昌酱园”，兼营多种腌菜。老家雇四川资中人邓炳成负责腌菜、采办运输等业务。那一年当地鲜榨菜头丰收，邱寿安与邓炳成等协商，仿大头菜腌制法，试用于鲜榨菜头腌制。

有一天，有客人来到邱家，主妇把试腌制成的榨菜招待客人，大家都认为这种试腌制成的菜头，风味鲜美奇特，以后可以大量腌制。

邱寿安是一位精明能干的人，他当年赶回涪陵老家，精心策划，投资建厂。他安排家人大量制作腌榨菜并研究改革加工制作工艺，包括脱水、切腌后加重压及除去盐水（榨菜卤）等。榨菜从此诞生而得名。起初腌制成80坛，运至湖北宜昌试销（用“涪陵榨菜”的名称），不到半个月，这批榨菜就卖完了。

邱寿安并命令家中人秘密保守榨菜加工工艺，所配辣椒面、茴香、砂仁、胡椒、甘草、肉桂和白酒等原料，也是从多处采购，以防泄密。风晾脱水也只是在家进行，如此闭门

加工达 16 年之久。

1913 年，榨菜才由邱家人发货 600 坛到上海销售，惊艳海上，大享美誉。1914 年，邱家在上海设“道生恒”榨菜庄扩大营销，并出口东南亚、日本及旧金山一带，年销量达 30 000 余坛。从此迈向“世界明星”之途。20 世纪榨菜加工技艺传入浙江海宁。

第三节 泡菜

人们在油腻食品吃得太多的时候（尤其是炎夏季节），常常想吃一些带酸味的蔬菜，清脆爽口，消暑开胃。在这种情况下，人们便会想起吃泡菜。四川人爱吃泡菜，四川的泡菜也是著名的。

不但中国人爱吃泡菜，外国人也爱吃类似泡菜的酸菜。本文所述的泡菜，包括中国人吃的泡菜和西方人吃的酸菜。

从理论上说，泡菜和酸菜都是在水中加入少量的食盐，浓度一般是 2% ~ 3%，使菜在液体中进行乳酸发酵作用，泡制或腌制成一种带酸味的蔬菜加工制品。泡菜类的咸酸适度，风味鲜美，稍带甜味，且质地脆嫩爽口，有利于促进食欲。以下简述中国传统泡菜的制法。

（1）制泡菜的蔬菜原材料

用于制泡菜的蔬菜种类很多，凡是质地脆嫩、肉质肥厚、不易软化的蔬菜种类都可以用于泡制。我国常用于制泡菜的蔬菜种类有菜豆、黄瓜、大蒜、白菜、萝卜、鲜榨菜及青椒，西方国家常用甘蓝（卷心菜、洋白菜）及黄瓜制酸菜。泡菜一年四季都可以泡制。

（2）泡菜坛

我国传统泡菜的方法中都应用泡菜坛，这是制泡菜必不可少的容器。四川省应用的泡菜坛是陶土制的，它简单实用，性能科学，价廉物美。这种泡菜坛，口小肚大，高40厘米左右，它的外形及大小，很像江南地区用的高桩痰盂，在坛口处有一圈水槽，坛口上方盖以菜碟。在坛口的水槽中加入水以后，可以严防空气进入坛内。泡菜坛的内壁最好上釉，使泡菜能在坛内进行正常的发酵作用。

（3）材料处理

先把要泡制的菜充分洗净，除去枯叶、老根等，大棵的菜应该适当切成块。用晾过的菜进行泡制，可使泡制成的菜，质量更好一些。

（4）盐水制作

井水和泉水是含矿物质较多的硬水，用它们去制泡菜的盐水，效果更好。此外，硬度较高的自来水也可以应用于制泡菜的盐水。

在水中加入食盐，是为了增强泡菜的酸性，在盐水中还可以加入少量钙盐和氯化钙（浓度为0.05%），四川省的巴盐中含有钙，最适于制泡菜。可以用生水直接配制盐水，水不必先煮。

为了增进泡菜的品质，可以在泡制盐水时，加一些白酒（用量为2.5%）、2.5%的黄酒等，或者再加入一些红辣椒干及其他香料。

（5）装菜泡制

坛中盛好盐水以后，把要泡制的菜逐渐放入泡菜坛中，必须使菜体全部浸泡在盐水中。菜装入坛中以后，把坛口的盖盖紧，并且在坛口四周的浅水槽中加入水，这样使外界空气不能进入坛中和泡制的菜相接触。

由于取出腌制成的泡菜供食用等因素，坛中泡菜的液位会下降，这时必须再加入一些泡菜原材料和盐水，一定要使泡菜液的液面上升到距坛口3厘米处。但是也切勿使盐水的液面和坛口接近，

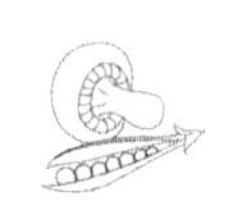

以免泡菜发酵后的气体和液体溢出坛外。

春秋季一般在泡菜入坛以后5～7天，泡菜便可制成，冬天则需2周左右。白菜等叶菜类泡制的时间较短，萝卜等根菜类泡制所需的时间较长。

日本人常常用茗荷（蘘荷）制泡菜。

如果没有泡菜坛，能不能制泡菜呢？

现将近代简易泡菜自制法（以萝卜泡菜为例）介绍如下供作参考：将萝卜条用开水焯过，待开水凉透以后用，加入镇江白醋和已干辣椒等调料，然后倒入焯过冷却的萝卜、冷却的萝卜汁水、少量的食盐及蜂蜜，浸泡于汁水中，密封容器。约经一周以后，可以打开容器供食。泡制萝卜质脆，味酸甜可口。此法简单，但使用的容器质量要好且清洁，没有一点油腻。

第四节 糖醋大蒜

糖醋大蒜，是我国著名的传统蔬菜加工制品之一，也是人们普遍爱食的腌制蔬菜品种，它还适于作为香辛调味用。现在将正规的糖醋大蒜加工腌制的方法介绍如下，也可作为家庭自制糖醋大蒜方法的参考。

（1）原材料的选用

要使糖醋大蒜制品的质量好，必须选用优质的大蒜头作为原材料。

田间种的大蒜，一般是在初夏（农历夏至节以前，即6月上旬）

成熟，也就是在大蒜抽薹以后2周左右，必须及时抢收大蒜头。如果采收大蒜头的时期太迟，则使腌制的蒜头容易散瓣；反之，如果大蒜头的采收期太早，蒜头尚未充分成熟，则容易失水干缩，不耐腌制，也非所宜。

供腌制加工的大蒜头，以直径5厘米左右为宜，要求色白肥厚坚实，蒜头的大小均匀，不开裂，不带根系。采收以后的蒜头不久就可以用于腌制，如果腌制时应用已经干枯或者贮藏太久的蒜头，则制成的蒜头质地韧，而且辛辣味重。

（2）原材料的整理

首先应该削去蒜头的茎、叶和根，只保留蒜头上方长2厘米的假茎，留住假茎可以预防腌制时蒜瓣松散。腌制以前还须将蒜头连续几天浸水（浸水期间每天换水1次），用以去除蒜头中的浊味和一部分辛辣味，而且可以将蒜头泡软，便于去皮。蒜头浸水以后，要把它们取出沥干。沥干以后，剥去蒜头外层的包皮，只保留里面2～3层包皮，并除去残留的蒜根和劣质的蒜头。

（3）腌制

腌渍大蒜时用盐量较少，因为腌渍以后还有醋渍过程，并且大蒜含有蒜氨酸，在分解以后会产生蒜素，醋酸和蒜素都有较强的杀菌作用，所以腌制时所用盐的浓度可以低一些。一般用盐量为整理后蒜头重量的2%～6%，腌渍蒜头需1～5天。在腌制期间，应该适当翻动蒜头，并淋入一些卤汁。

把腌渍成的蒜头摊开，晾置几天，使蒜头重量减轻到原有重量的70%为宜，晾蒜头期间，每天翻动1次，夜间移入室内。

（4）糖醋浸制

浸渍糖醋大蒜的容器，大型的用坛或缸，小型可用钵或瓶。因为醋易挥发，容器必须密封，且能防腐蚀。大型醋渍的，每100千克晾后的蒜头中，加入醋70千克、红糖18千克和糖精15克。先把醋煮沸，加入红糖，使它溶解，除去液面的浮渣。另外用少量沸

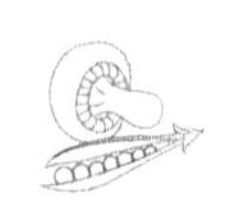

水溶解糖精，加入醋液中，使糖精液冷却到 60 ~ 70℃备用。先将大蒜头装入坛中（或钵中），装至大半，轻轻捣紧，再灌满已配制成糖醋液，密封坛，大约经过一个月以后，就可以开坛供食用。

每 100 千克大蒜头，大约可以制成糖醋大蒜头 72 千克。

第五节 辣椒酱

（1）辣椒酱自制法

将充分成熟的红色尖辣椒用清水洗净，晾去表面水分后，除去蒂部，放在干净的案板上，剁成碎末，再把辣椒末放入大盆里。

按 0.5 千克辣椒、200 克大蒜头，配 50 克食盐、100 克三花酒的比例配料。将大蒜剁碎，和辣椒末、食盐、三花酒放在一起，搅拌均匀，放在阳光下晒 1 ~ 2 天，使它自然酱汁化。然后装入干净的玻璃广口瓶中，在酱面上放入少量三花酒，盖严瓶口。

晴天可打开瓶盖晒太阳，但是切忌搅拌，以免造成酸性变味。平时将加工好的酱汁放在通风阳光充足的地方，约经过 2 周，辣椒酱制成。

（2）辣椒酱油自制法

选用充分成熟、辣味强的红色尖辣椒，洗净，晾去表面水分，除去辣椒蒂部，剁碎。准备一个干净的泡菜坛，加入一层碎辣椒，倒入一层菜籽油（熬熟的），一层一层相间地装入坛中，把辣椒装完为止，应该使辣椒层上面被油浸没。加入适量的盐，搅拌均匀，最后再倒入菜籽油盖没辣椒层。辣椒装入以后，坛口用保鲜膜密封，并且在坛口边水槽中注水。一周以后，去除保鲜膜，白天放在室外晾晒，大约半个月以后辣椒酱油制成。在腌制时，必须经常加入一些菜籽油，一定要使菜籽油经常封住辣椒层的表面。

第六节 甜面酱

我国人民自古自制甜面酱供食，一直到清朝末年民国期间，许多人家（尤其是乡间）还常常自制甜面酱，咸鲜甜爽，风味独特，不仅可口，自制自食又十分方便，经济实惠。甜面酱的制法如下。

制酱时期一般在黄梅天以前，让豆饼发霉以后，经过伏天暴晒成酱；也可在秋天制酱，因为这时新豆上市，用新豆制成酱，更美味。

先要精选制酱用的黄豆，选用颗粒饱满的黄豆为原料。用清水多次把黄豆洗净，浸泡，然后放入锅中煮沸，必须严格掌握煮豆的时间，应该煮到用手一捏之后豆粒能碎为度。豆煮好以后，沥干水，把黄豆放在竹匾上排开晾干，等豆粒晾透了，按照2千克黄豆配1千克面粉的比例，把面粉和黄豆充分搅拌均匀，要用手揉捏得干硬，再切成大小厚度一致的面饼。在竹匾上铺干净的秸秆，然后将面饼一块块地放入竹匾上铺平，移入室内保持温暖，但不透风，让面饼霉变发酵。

此后第一天将豆饼集结抱团取暖，第二天豆饼就开始发热，第三天豆饼面上长满“白花”和“黑花”（霉），第四天豆饼面上便开始转化成“黄色花”，如此一直到发酵完毕。

到此，只是完成制酱的第一步，这时豆饼的温度很高，且散出强烈的霉味，应除去盖在豆饼上的保暖物，并将豆饼反复翻转通风散热，使豆饼制成越干越好。豆饼应该制成坚硬状的“酱黄”，以后才能做成好的酱。把发酵晒干以后的“酱黄”贮藏起来，一年四季都可以用来制酱。

制酱时，按每千克“酱黄”配187.5克盐的比例，先泡制酱水，将用毛刷刷干净的“酱黄”弄碎放入水中，水放到七八分满，防止在“酱黄”溶解过程中水分溢出容器，降低制酱品质。把“酱黄”

放在日光下晒 3 天，以后每天顺着一个方向充分搅动，使“酱黄”得以彻底溶解，并除净“酱黄”中的杂质。1 周以后，甏里的酱开始起化学作用，溢出香醇的酱味，每搅动一番，酱色变化 1 次。1 个月以后，甜面酱制成，可供食用。

第七节 姜

（1）干姜

干姜在欧美国家的用途很广，所以很有出口外销的前途。其主要用于药剂制造的原料，或作为香辛调料，用于制糕点、辣酱油等。干姜除含有香辛成分以外，还含有酵素，能助消化、治肠胃病。

制干姜以前，先将原料洗干净，剥去粗皮，适当切开。再用水洗净后，把姜摊开，放在竹匾上晾晒，经 1～2 周，翻晒 1 次，使姜体各部分干燥均匀一致。如遇雨时，应将姜移至室内，薄薄摊开姜层，每日翻晒数次，以防腐烂和发酵。晒姜完毕以后，放入焙炉或干燥器内烘，约经过 5 小时可以烘完，在烘干期间温度保持最初 16℃，以后逐渐加高。

烘姜有一套技术，且须仔细掌握，如果烘姜温度太低，则干姜的光泽差，而且烘姜的时间久，又费人力及物力；如果温度太高则干姜的光泽也劣，且辛辣味减。烘姜如果正常的话，100 千克的姜原料，约可制成干姜 35 千克。

（2）醋姜

制作醋姜时，材料选用嫩姜，用量不拘多少，用炒过的盐将姜腌一昼夜取出。以盐卤与米醋煮几沸，然后倒入罐中，等冷却以后，放入嫩姜块，加些糖，然后用荷叶封口，吃时打开食用。

第八节　香椿

新鲜的香椿芽难以保存，但是香椿芽经过腌制以后，不但咸味香味增加，更可以长期保存，随时供食。腌香椿芽的技术容易掌握，适于家庭实用。腌制以前，先将鲜香椿芽洗净，并用开水焯过。（注：开水焯过后可以降低香椿中亚硝酸盐的含量，详见第一章中香椿。）

因为香椿腌制品的含盐量较大，所以腌制时用盐量较多。待香椿焯过并冷透以后，将香椿摊开，撒入细盐，并轻轻地充分揉搓，使细盐和香椿混合在一起。

此后，将香椿放在竹匾上，摊开，再将竹匾移放室外，晾晒香椿（勿使淋雨）。一直晒到香椿已达八九成干时，取出香椿，装入罐或甏中。

装罐时，每装入一批香椿以后，撒上一些细盐，并轻轻地按紧，如此重复装入香椿及细盐，装满罐以后，按紧菜株，在罐口再撒入一些细盐以后密封罐。

大约经过 10 天以后，罐中菜株已散发出阵阵香气，菜株变柔软，菜已腌制成，便可开罐供食。这时菜株上仍有不少细盐，菜株较软且干，很少卤汁。

腌香椿应该切段以后供食，也可以用冷开水先洗去一些盐分以后，再切段供食。取食以后仍应将罐密封，这样腌香椿可以较长期地保存。

腌香椿味咸鲜且香，一般用于佐早餐（粥或泡饭），非常可口。但因味咸，食量应少。

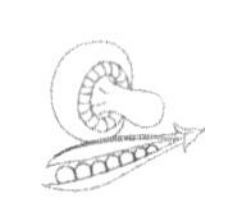

第四章
应用清香蔬菜调味美食技艺

第一节 调味技艺基础知识

（1）味型

要掌握调味等烹调技艺，首先应该了解烹调菜肴等食品的口味类型，也就是了解其味型，这样才能有的放矢，调制成符合口味的食品，所以味型是表示食品口味的类型。

菜肴等食品的味型很多，总的说来可以分为基本味和复合味两大类型。

基本味 基本味是最基本的味型，包括咸味、甜味、酸味、辣味和苦味等。其中咸味是最重要的味型，咸味还可以“吊”出食品的鲜味。此外还有鲜味、香味和臭味（例如人们常吃的臭豆腐的臭味）。每一种味型都有适用的调料品种，例如香味型的调料有葱、蒜、芫荽（香菜）、花椒和桂皮等。

复合味 复合味包括两种或多种的味型，最重要的复合味型有咸鲜味、香辣味、香咸味及麻辣味等。食品的复合味有的是在烹调过程中应用多种调料来定味的，也可以在烹调以前把复合型调料（复式调料）预先配好备用。常用的复合型调料有酸甜汁、咖喱汁、

怪味汁、椒麻汁及香糟汁。

（2）主料、调料与配料

一种菜肴所应用的原材料构成，应该包括主料、调料和配料。主料是供作烹调或调制食品的主宰原材料，也就是供食用的主要部分，例如肉、鱼、蛋等。主料不仅数量多，重量重，还应该有丰富的营养物质。但是，如果在食品中只有主料，而没有配料、调料，那么人吃了这种食品，就会感到淡而无味，甚至难以下咽。如果在主料中能够适当地加入一些调料（或称佐料），例如盐、酱油、葱及蒜等，就可以改善食品的口味，甚至可以使原来难以下咽的食品成为美味的食品。如果主料是肉类和鱼类，加入一些葱和姜等调料，还可以去除肉和鱼的腥膻味，增香添鲜。

调料是用以调味的食材，在烹调中它的用量很少，但是却能明显地改善主料的口味。配料是在烹制菜肴（或面点面食）中，起搭配作用的辅助性食材，搭配作用包括配合、辅助、补充及点缀等作用。梅干菜烧肉和茭白炒鱼片，都是著名的中国传统家常菜肴。梅干菜和茭白分别作为烧肉、烧鱼的配料，梅干菜可以增加烧肉的鲜味和香味，还可以吸去一部分肉的油腻，茭白则可以除去鱼的腥味，并且充分地“吊”出鱼的鲜味。

多种菜肴中的拼盘也发挥了配料的作用，拼盘可以美化菜肴的形态及色泽，增香添味。在一盘炸牛排旁边，常常放置一段翠绿的香芹菜（荷兰芹），会使这盘菜肴非常美观，香气浓郁。

（3）八大菜系

中国的历史悠久，疆域广阔，不同地区、不同民族的膳食习惯差异很大。纵观中国饮食文化形成的过程，可以清楚地指出中国菜肴的系统是以黄河、长江及珠江三大流域为基础，逐渐形成了八大菜系，所以称为“三大水系，八大菜系”。

在全中国形成的“八大菜系”包括鲁菜（山东菜）、川菜（四川菜）、粤菜（广东菜）、徽菜（安徽菜）、浙菜（浙江菜）、闽菜（福

建菜）、湘菜（湖南菜）及苏菜（江苏菜），此外还有京菜（北京菜）、豫菜（河南菜）、鄂菜（湖北菜）、秦菜（陕西菜）、东北菜、海派菜、香港菜和台湾菜等。以下简介几种菜系。

川菜 川菜是中国特色的菜肴，闻名于国际。所以国际烹调界誉称："食在中国，味在四川。"川菜的主要特色是注重调味，它所应用的调料多而且富有特色，尤其是"三椒"（辣椒、花椒、胡椒）和"三香"（葱、姜、蒜）应用量多且频繁，远非其他地方菜系所能比的。川菜的色彩鲜艳，口味辣且浓油，使人有"满堂红"之感。川菜中著名的菜肴有宫保鸡丁、麻婆豆腐及鱼香肉丝等。

粤菜（广东菜） 古书《淮南子》载：粤人"不问鸟、兽、虫、蛇，无不食之。"意思是：广东人不论是鸟、兽、虫、蛇肉都会吃的。粤菜特点是食材广泛，选材精细，花色繁多，新颖奇特，以标新立异闻名于世界。

粤菜的口味清淡，生脆爽口，富有"五滋"（香、松、臭、肥、浓）"六味"（酸、甜、苦、咸、辣、鲜）之说。粤菜的色香味形俱全。著名菜肴有"太爷鸡""龙虎斗"及"脆皮烤乳猪"。

苏菜 包括苏州、扬州及南京的菜肴，其特点是选料严谨，制作精细，风味清鲜，浓而不腻，淡而不薄；鲜烂脆滑，而不失其形；滑嫩爽脆，而不失其味。苏菜的著名菜肴有南京咸水鸭、清蒸蟹粉狮子头、扬州煮干丝、镇江肴肉及苏州松鼠鳜鱼等。

浙菜 以杭州、宁波和绍兴为代表。杭州菜肴制作精细，变化多样，清鲜爽口。著名菜肴有西湖醋鱼、龙井虾仁、东坡肉和荷叶粉蒸肉等。新风鳗鱼等是宁波的名菜肴，梅干菜烧肉等是绍兴的名菜肴。

鲁菜 鲁菜也称"御菜"，具有山东"齐鲁风味"，著名菜肴有"神仙鸭""当朝一品锅"和"糖醋鲤鱼"。

总之，中华料理丰富多彩，烹调技艺必须充分掌握和发挥当地菜系风味的特色，才能制成美味的菜肴，符合人们的需要，也才能使烹调技艺的发展“更上一层楼”。

第二节 调味美食技艺基本功

（1）精心选料

随着社会的发展，人民生活水平不断地提高，人际交往也越来越频繁，人们对膳食口味的需求也越来越多样化，即使是家常菜肴，除了注意营养以外，也更加要求口味鲜美多样。加之不同民族、不同地区的人民，对菜肴等食物口味的要求，彼此之间差异很大。在这种情况下，烹调技艺怎样能够善于应用调料，烹制成口味多样化的美食更显得重要。即使是烹制日常家庭菜肴或面食面点，也要求善用调料制成美食。

选用优良的调料（佐料）品种，是调制美味菜肴等食品重要的物质基础，正如下文所述，我国清朝美食家袁枚曾经指出，一道高档美味筵席，所以能够制成的条件中，食材采购人员的功劳要占40%，当然在这份功劳中，也包括调味食材的采购。

在现代烹调中，如果没有品种多样优质的调料，很难制成口味多样化的美味食品。

现在供作菜肴的调料品种越来越多，以往作为鲜味调料的品种只用味精，现在则有鸡精、鸡粉和七味粉等。过去作为甜味的调料品种为糖和蜂蜜，现在则有枫糖浆、甜葡萄汁和蜂蜜柠檬汁等，真是五花八门了。

精心选料的基础是广泛地收集有关调料的信息并加以鉴别，从中选择适用、优质的调料品种。总之，精心选料的基础是广泛选料，在广泛选料的基础上通过精细地判断，达到正确的选料。

对于调味用的蔬菜来说，精心选料首先应选用优良品种。各种

蔬菜中都有不少的品种，但是有的品种并不适合作为调料用，在这种情况下，精心选料也要仔细地选择适于调味用的优良品种，才能达到选用良材作调料的目的。以下将适于作调料用的几种主要蔬菜的优良品种简介如下。

葱　中国葱的品种多，分为大葱和小葱两大类。中国北方产大葱，常以大葱为调料，其食用部分以葱白为主。南方产葱，俗称小葱，以小葱调味，食用部分为青葱。中国大葱的优良品种有山东章丘梧桐葱，葱株高大，葱白粗壮。其他优良品种，如西安的竹节葱和鸡腿葱等。小葱的品种很多，详见本书第一章中的“葱”节，通常应用的小葱品种是分葱。作为调料用的小葱常常是从零售市场上买来的，应该选择叶色绿、香气浓的品种。

蒜　中国的蒜分为白皮蒜和紫皮蒜两大类，白皮蒜的蒜头大蒜瓣多，但是辛辣味较淡，适于腌渍或青蒜栽培用，著名的品种有山东苍山蒜和上海嘉定白皮蒜等。紫皮蒜的蒜头较小，蒜瓣少，但是辛辣味浓，适于生食或作调料，著名品种有山东嘉祥蒜等。总之，作为调料用（包括蒜头、蒜薹）宜选用紫皮蒜品种。

现在市场上出售的一种蒜薹，薹形粗壮，色泽鲜嫩，但蒜味淡，俗称“洋蒜薹”。这种蒜薹是韭葱的花薹（详见本书第一章中的“韭葱”节）。

还有一种比较少见的蒜，名称是“黑蒜”，又名“黑大蒜”“发酵大蒜”。蒜头较小，外皮黑褐色，风味独特，可以供作调料。

姜　作为调料用的姜，应该选用辛辣味强的品种。中国著名姜的品种有山东莱芜片姜、浙江平湖黄爪姜和广东南姜等，作为调料宜选用老姜，姜越老味越辣。

姜还可以应用姜芽，或者它的加工制品（包括酸姜、姜汁和干姜等）作调料，都应该选用其良材作为调料。

辣椒　辣椒和它的加工制品是重要的调味料，应该选用辣味强的优良品种，一般用小米椒、朝天椒（簇生辣椒）、多种长形羊角

椒（包括现代各省培育成的许多辣椒新品种）或秦椒（辣线）等品种。

如果是供作菜肴中配色用，一般应用红色、黄色等彩椒。辣椒有许多加工制品，包括辣椒粉、辣椒面和辣椒酱等，都是调味良材，应选用辣椒的优良加工制品作为调料。

韭菜 韭菜花（韭菜薹）是北京涮羊肉主要的调料之一，应该选用“花叶兼用”的韭菜品种（中国的韭菜都是“花叶兼用”品种）及香气浓的狭叶型韭菜（例如上海的香韭）。

每年 9 月，韭菜花开花，这时候洪长兴的调料师傅们开始忙碌起来，选择优质的韭菜花，控水切末，加上京葱末，还有上等的苹果和生梨，最后加上食盐，封坛腌制。一坛顶级的韭菜花酱需要经过多年的发酵，让韭菜花的味道慢慢转化，洪长兴的韭菜花经过多年的发酵保存，等到开坛的那一刻，植物的天然香味和韭菜花的香气直扑出来，让人沉浸在里面。现在的洪长兴只有多年经验的老师傅才能做好这坛韭菜花酱。

上等的花生酱、喷香的韭菜花酱佐以酱油和腐乳等调成。汤鲜肉嫩，腴而不腻，风味绝佳，一片羊肉蘸满了定制酱料，齿颊留香，相当满足。

如果采用复式调料还应该注意到这些品种之间是否适于搭配。

（2）刀工整形

刀工是烹饪调味技艺重要的基础功。刀工是指烹调时，将原材料加工成为一定形状的各种操刀的技艺，加工成为块、条、丝或丁等，符合烹调食品的要求。

随着烹调技术的发展，对刀工的要求，不仅是为了改变烹调原材料的形状，还是要求美化原材料的形状，使形成的菜肴造型优美，从而增加花式品种，所以刀工能够改变菜肴的外形。

刀工运用是否适当，还能影响到菜肴在烹调时是否容易烧熟，是否能使调料的美味渗透进菜肴中，所以刀工的好坏会直接影响到

烹调菜肴的质量，及调料是否能够在烹调中发挥它应有的作用。

以调料中的葱为例，在烹调开始以前，应该根据不同菜肴烹调的要求，运刀加工成为葱段、葱白、葱节或葱花等形状。

我国在南宋时，餐饮业发展很快，很讲究烹调技艺，在杭州的高档餐馆中，置有各种专门运刀的厨师，其中包括被称为葱娘的专门运刀切葱的女厨师（厨娘）。这件事说明，那时对烹调前的刀工十分重视，要求严格，分工细致，也可以说明刀工对烹调的重要意义了。

现代我国著名的地方特色菜肴中，煮干丝是淮扬名菜之一，要烹制这道菜，必须要有质量好的豆腐干，经过名厨的整形，切成豆腐干丝。大方豆腐干是一份好食材，在名厨手下，巧妙地运用刀工，将豆腐干横披为片，刀工好的名厨能将一块豆腐干快速切成 16 片，再切成丝，这些豆腐干丝极坚韧，切丝后不断，既绵软，又易入汤煮，煮成美味干丝。

上海著名的洪长兴羊肉店中，邱师傅运刀以后，可以很快地切成一盘整齐的羊肉片，有人用尺去量肉块的大小，一点也不差错。

此外，菜肴上桌以前，还要放入一些将姜块快刀整形切细的姜丝。

（3）巧妙搭配

有了优良的调料（佐料）以后，要充分发挥调料的作用，必须使调料巧妙搭配应用，其中包括主料与调料配合应用，也包括几种调料相互配合应用。经过巧妙地搭配，才能使调料充分发挥其作用。如果调料配合不当，很难烹制成美味的食品，所以巧妙地搭配也是烹调技艺重要的基础功。

调料搭配是包括多方面的，当然主要是风味的搭配，应用不同的调料，可以调制成具有多种风味的美味食品。此外，也包括调料在形态、色彩和软脆等方面的巧妙搭配，以发挥各式调料的优势，综合成搭配巧妙的调料，这样才能烹制成味香色形都美的食品。

从古至今，我国应用巧妙搭配的调料，调制成美味食品的先例很多，上文已经讲到，我国早在周朝时，已经能制成五香牛肉了，姜桂并用作调料是其主要技艺之一。

在上述北京涮羊肉的调味技艺中，将多种调料巧妙地搭配应用，是其美食的主要原因之一，其中韭菜花和红腐乳两种调料，在口味和质地方面的搭配都是很巧妙的。（注：参见本章第三节中的洪长兴蘸料的奥秘。）

在兰州拉面中，牛肉香味和调料芫荽的香气是绝配。至于在家常菜肴中，用葱、姜、蒜、椒巧妙地搭配，制成美味菜肴的事实就更多了。

（4）善调美食众味

调料配制好后，又怎样掌握烹调技艺，使调料在烹调中发挥作用，烹调制成美食呢？我国古人在这方面也有一套技艺。秦朝吕不韦编撰的《吕氏春秋》中指出“调五味”的技艺，今简介如下。

所谓“五味”（5种味型），是指甜、酸、苦、辛和咸，调五味的技艺是“凡味之本，水为之始”“五味三材，九沸九变，火为之纪”。古人用“水”（菜肴中的汤汁）、“火”（烹调中火势的掌握）概括了烹调技艺的要点，从而达到调“五味”的目的，不仅“久而不弊”（长久保存而不腐败），并且达到“熟而不烂，甘而不哝，酸而不苛，咸而不减，辛而不烈，淡而不薄，肥而不腻”的美食效果。

用现代的话说，“调五味”就是厨师掌握了烹调技艺（包括调控汤、汁及火力等），把食材的“五味”（甜、酸、苦、辣、咸）烹调到适当的程度。

这一段话具有理论和实践上的意义，可以供作烹饪调味的参考。但是现代人们的口味更加多样化了，除了上述“五味”以外，至少还有香味和鲜味，不能缺少。此外还有食材的质地，例如脆、嫩等。所以现代的烹调技艺，不但要善调“五味”，更要善调众味。也就是说，现代的烹调技艺，应该掌握调制口味多样化的美味食

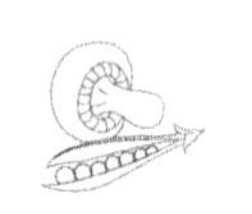

品。俗语说“五味调和百味香”，不仅强调“五味调和”的重要性，还应该在这个基础上做到“百味香”。

第三节 美食调味技艺

1. 历代应用复式调料调味美食技艺

所谓复式调料，是指应用两种或多种调味蔬菜作为调料。上文已经指出，掌握烹饪技艺，必须善于应用调料去调味，使主食能够调制成为美味食品。不过，如果仅用一种调料，仅能调出一种味型。但是人们的口味要求多样化，此外不同民族或不同地区的人民，口味的要求差异极大，即使是同一个家庭中的成员，也会有不同口味的要求。如果烹调时能够应用复式调料，混用两种或多种调料，巧妙地配合，取长补短，发挥其潜在的优势，就可以调制成具有多种味型的食品，满足不同口味要求的人们。

从中国的历史至现代，都有应用复式调料调制美味食品的事实，今举例说明如下。

（1）姜桂并用制成美味五香牛肉

《礼记・内则》（公元前 471 ~ 前 221 年）就载有用姜桂（桂皮）作调料，制成美味的五香牛肉，并且强调指出姜桂需并用。

（2）北京涮羊肉应用特色复式调料

北京涮羊肉是北京食品中，具有独特的多种配合的味型，它所用的调料品种很多，颇有特色，但所用的调料并不固定一律，而是由食客按照自己的要求，选料调味，这样可以充分发挥食客的个性需求。

北京涮羊肉所应用的调料种类包括葱花、韭菜花、雪里蕻（咸菜）和芫荽（香菜）等调味蔬菜，及红腐乳、胡椒粉、辣椒油（由

干辣椒制成)、芝麻酱、酱油、料酒和虾油露。从理论上说，如果作为羊肉的调料，配制技术是比较困难的，因为调料配制不当，调料品种太少，会使腥膻味很重；调料配制过度，调料味太重会失去羊肉的美味了。

北京涮羊肉用的调料，取材多样，风味奇特，配制又十分巧妙，这是北京涮羊肉美味的主要原因之一。这也说明，如果能够巧妙地掌握复式调料的调味技艺，更易调制成味型多样化的美食食品。

北京涮羊肉的调料中包括红腐乳与韭菜花。从调料的配制技艺来看食品的色彩，红腐乳为鲜红色，韭菜花则为翠绿色，两者互相搭配，可使羊肉呈红色与绿色，相映呈艳；从食材的风味说，腐乳的口味是甜中带咸，又软又糯，而韭菜花口味咸爽，质地清脆，所以两者配合以后，风味与口感等都美化了。

上海著名涮羊肉店——“洪长兴”蘸料的奥秘

洪长兴的特制蘸料最大的特点就是香，有花生酱香，有酱油香，有植物香，多种香气混合让人欲罢不能。不少人会问，洪长兴的蘸料不就是类似北京的芝麻酱蘸料，其实不然。相传当年洪三巴得到一张秘方，洪长兴用花生酱代替了北方涮羊肉惯用的芝麻酱，自己食品厂里定制的花生酱，更细腻，更柔顺，入口更舒适，由于选用上等的花生，因此花生酱香味特别浓郁。

此外，最大的亮点是洪长兴自制的韭菜花酱，不少人第一反应是韭菜闻上去微臭，那么洪长兴的火锅调料又怎么会是香的呢？韭菜花在秋季开花，而且其花期非常短，一般都只有1个星期左右。要想吃韭菜花，多在其欲开未开时采摘。时间一过则韭菜花结籽了，那样的就不能吃了。所以在市场上每年也只能在1个星期左右见到，这时是做韭菜花酱的黄金时段。

（3）应用复式调料制成四川榨菜

四川榨菜驰名中外，它的风味咸辣香美，令人赞不绝口。四川榨菜为什么能够如此美味呢？其主要原因之一，就是所应用的调料多样化，且选料精致、配合巧妙，充分发挥了复式调料美味的作用，从而调制成具有多种味型的美食食品。

四川榨菜应用的调味蔬菜种类有多种辣椒、花椒、姜和茴香，此外还有八角、桂皮、广香、甘草和白芷等其他调料及香料，这些调料的选用和配制工作都是很细致的。创制初期，创始人邱寿安和他的家人在家中，闭门研究，腌制榨菜调料的选用搭配等技艺，长达 16 年之久。

（4）凉拌美味香菜调制法

上述清朝《醒园录》所载内容指出，虽然只是凉拌菜，但是每一道调制技艺都十分细致和认真，并且选用了多种调味蔬菜，包括大蒜、辣椒、姜和茴香，所以也是应用了复式调料。

复式调料虽然有助于调制美食，但是复式调料配制及烹调等，也是有一套完整技艺的。

掌握这一套技艺包括各种调料的选材、用量和配合比例等，去灵活巧妙地运用，全凭厨师的经验和技艺程度来决定，有了这一套技巧，才能灵活掌握而成功。

采用复式调料，最终的目的是要使各种调料在烹饪中，都能发挥它的特长，并且最后能够巧妙地配合成为香气浓醇的美食，这也就是名厨的技艺所在了。

上面已经指出，四川榨菜创始人曾经闭门研究榨菜调制技艺达 16 年之久，终获成功。

近期新民晚报载孟祥海写的“读菜谱”，它的内容也可作为上文的参考，所以摘录如下：“我喜欢读菜谱，从《随园

食单》到……我觉得读一本菜谱就像读一本历史……一则菜谱……从材料到配料到调料的运用，再到做菜的步骤与火候的运用，一道色香味俱全的菜，宛在眼前。菜谱有主菜的突出，有附菜的陪衬，有花花绿绿的混合。一道菜谱……材料的多少，调料的多寡，火候的迟早，每一步都不可马虎。”

2. 现代应用葱姜蒜椒调味美食技艺

应用葱、姜、蒜、椒作为调料，是一种重要的复式调料类型。先说葱、姜、蒜，三者是我国千家万户家庭普遍应用的调料，故有厨房三宝之称。近代人们的口味日趋多样化，加以我国西南等地区人民的膳食中必需辣椒，所以现代葱、姜、蒜、椒也可以称为我国的厨房四宝了。事实上，在现代各式大大小小的餐厅或面馆中，也都离不开葱、姜、蒜、椒用于调味。所以应用葱、姜、蒜、椒调味的技艺，也是现代重要的厨艺之一。

应用葱、姜、蒜、椒调味，主要的特点是百搭，虽然它们四者可以单独用于调味，但是它们更重要的调味方式是百搭，也就是根据烹调方式或者食客口味的要求，将它们搭配应用。通过百搭才能广泛充分地发挥它们的调味作用，在它们四者之间可以相互搭配成为复式调料。例如葱姜、葱姜蒜、葱姜蒜椒、姜蒜及姜椒等，或者再将葱、姜、蒜、椒和其他菜肴搭配烹调。如何能够巧妙地把这些百搭搞好，这也是一门调味的技艺。

潮汕名菜——咸菜焖鳗鱼，是用鳗鱼、五花肉铺上姜、蒜填底，咸菜切薄放上，用小火煮成。最终咸菜吸收了鳗鱼的鲜甜、五花肉的肥美、姜蒜的香气，才能制成这份名菜肴。

苏北地区春节供应的著名菜肴胡辣汤，所有的鲜味都是依赖配套的调料强加进去的，所以在烹调时，放入肉、骨头以后，必须撒

上一大把葱姜蒜末，还要加些芫荽和胡椒粉，爱吃辣的人，更需要放入鲜红的辣椒。

应用葱、姜、蒜、椒调味，必须选用优良品种，如何选用良材参见本章第三节中的“精心选料”内容。蒜、椒、姜还有多种加工制品，例如腌蒜薹、糖醋大蒜、干姜、姜粉、姜汁、辣椒粉以及多种辣椒酱等都是调味良材，应该尽量选用这些调味蔬菜的加工制品，发挥它们作为调料的作用。

要使葱、姜、蒜充分发挥调料的作用，还须掌握下述技艺。在葱和蒜中含有硫化物，姜中含有姜辣素，当它们经过烹调加温以后，会散发出强烈的辛香气或辛辣味，最适用于去除鱼类、肉类的腥膻味，也可以增加香气添鲜味。所以在烹调以前，必须按照烹调的需要切成薄片等形式，切薄或切小以后，不仅可以使菜肴造型优美，更重要的是可使葱、姜、蒜于烹调中充分发挥调味的作用。

此外，烹调时还应该注意调节火势，在炝锅的开始，应该保持文火（二三成）才能使葱、姜、蒜于逐渐受热以后散发出香辛气。如果炝锅时温度太低，则会使它们炝不出香气，当然难以发挥调料的作用；反之，如果炝锅时温度太高，会使这些调料变成黑色，失去调味作用。

鲁菜是中国著名的菜系之一，在鲁菜中有一道名菜肴——糖醋鲤鱼。在烹调糖醋鲤鱼时，特别要注意调料的配制和火候的掌握，葱、蒜、姜、酒、醋、酱和糖，一个也不能缺少，这样烹调成的鲤鱼甜而不腻，酥而有味，众口称赞。

以下将著名的川菜之一“烧鸡公”为例，说明怎样应用葱、姜、蒜、椒作为复式调料。

在这份菜肴中应用的调料（调料蔬菜）有大葱节、老姜、蒜、多种红辣椒、芫荽（香菜）和其他调料。

“烧鸡公”中不仅调料的品种多样，配合恰当，而且在烹制时采用了烧、烩、煮及熬等多种烹技，所以制成品的油重、味厚、汤

多、麻辣风味浓郁，成为著名特色的川菜肴。

由于能巧妙地选用辣椒、葱、姜、蒜等调料，充分发挥了它们的作用，使火红麻辣的川菜得以驰名中外，成为国际著名的中华料理。

最后，写成“用葱、姜、蒜、椒（四宝）调味技艺”诗：

葱姜蒜椒四宝齐，
选材切削功夫细；
能工巧匠烹技妙，
调制美食色香味。

这首诗中，简单的几句话，基本上指出了用葱、姜、蒜、椒调味技艺的要点。

3. 复式调料中应用的其他调料品种

复式调料是重要的调味用材，在复式调料中，所应用的调料品种（指调味用蔬菜），除了上述的葱、姜、蒜、椒以外，还常用一些其他的调料品种，简介如下。

（1）韭菜花

韭菜花也称韭菜薹，古名为韭菁。在夏秋之际，从韭菜丛中会抽出细长的花梗，它的上部丛生白色的小花，把这种嫩的花梗（花薹）切下，可供食用，口味清香脆嫩，是初秋蔬菜珍品。俗语说：“八月（农历，指早秋）韭，佛开口。”这句话的意思是：初秋的韭菜薹风味很好，连菩萨也会开口笑，想吃韭菜薹。

（2）芫荽

芫荽（香菜）富含维生素 C、维生素 A 等营养物质，是保健珍蔬，它的叶色翠绿，香气又浓，最宜于去除牛、羊肉的膻腥味，供作菜肴或面食的调料。

著名的兰州拉面用芫荽作调料，风靡全国，成为特色经济小吃的“中华第一面”。

江南人过去不吃芫荽，因为它有一股怪气味，但是现在逐渐口味多样化，因此江南人也慢慢地接受芫荽了。特别是近期在大众化的馄饨店中，应用了芫荽加榨菜丁（榨菜经过洗去辣味）作为复式调料。芫荽不但色彩翠绿，清香爽口，又能吸去一些馄饨肉的油腻。榨菜味鲜而稍咸，两者配合作调料，会使馄饨味更加鲜美，这样终于使馄饨店生意红火，座无虚席。

芫荽常常和韭菜花配制成复式调料。

其他含有芫荽等的复式调料，配制方法（适于作火锅调料）：芫荽、蒜泥、干辣椒、麻油及碎花生米；芫荽、韭菜花、红腐乳、芝麻酱；葱、蒜泥、红油辣椒、芝麻酱、麻油、醋及生抽；葱、蒜泥、小米辣椒、芝麻、麻油；蒜泥、榨菜丁、沙茶酱及山椒酱。

豆豉

豆豉是一种重要的调味料，它是用蒸熟的黑豆或黄豆，经过发酵以后制成的，我国豆豉的历史悠久，古名幽菽或嗜，最早载于汉代刘熙《释名·释饮食》，此书誉豆豉为“五味调和，需之而成”。

我国的豆豉产于长江流域及其以南地区，尤其以江西、湖南及四川为主产地。所以俗语说：“南人嗜豉，北人嗜酱。”意思是：南方人爱吃豆豉，北方人爱吃豆瓣酱。

我国豆豉制品的种类很多，现在经常用的一类豆豉包括咸豆豉、淡豆豉、辣豆豉、姜豆豉、香豆豉和臭豆豉等。

豆豉是广泛用于菜肴等的调味品，可以使菜肴增味添香。食用方法：可以直接加麻油，拌和后作为佐餐小品；也可以焖入葱姜以后作为小菜，或烹制菜肴。

加入豆豉烹调成的家庭菜有豆豉烧豆腐、茄、芋等，或用豆豉烧鱼。

在各式地方菜系中，也有不少用豆豉烹制成的名菜肴，例如广东潮菜中的油豆豉扣肉和腊味合蒸，赣菜（江西菜）中的家乡肉和志士肉，粤菜（广东菜）中的豉汁蒸排骨和豉椒鳝片，川菜（四川菜）中的毛肚火锅和盐煎肉。临沂八宝豆豉，是山东沂蒙山特产，当地人称赞说："古色古香一雅堂，八宝豆豉四海扬。"

选择豆豉以颗粒饱满、干燥、色泽黑且亮，香味浓郁，甜上带鲜，咸淡适合，无白点、霉腐气为佳品。湖南浏阳豆豉有窠豉和常豉之分，窠豉是堆放发酵时最中心的一团，品质最好，窠豉之外则为常豉。

豆豉的贮藏，因其吸湿性较强。宜装于清洁容器中，盖紧后放在干燥阴凉处，如发现霉变则不能食用。

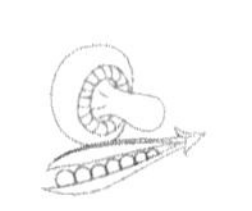

第五章 中国调味蔬菜食用历史

第一节 概况

民以食为天，食物对人们的生活是十分重要的。从古至今，人类的生活始终不能离开食物。

人类食物的种类是很多的，哪些食物种类对人类的生活更重要的呢？《黄帝内经》载："五畜为益，五菜为充。"明确指出，家畜类肉食对人们的生活十分重要，同时也指出，吃蔬菜也有利于人的健康。

远古时代还没有畜牧业和农业，那时人类的祖先过着渔猎生活，虽然那时候的捕猎工具还很简陋，但是那时候的野味及鱼类资源丰富，所以祖先仍以捕食野味野生鱼为主。

现在人们可以在西安市郊区半坡博物馆看到，远古时代，当地人们住在河边，用原始的渔叉捕食河中的野生鱼为生。

我国到商朝、周朝以后，畜牧业及农业才逐渐发展，那时肉类和野生鱼类是主要的食物。

不论哪一种食物，他们的口味都是很重要的。我国古人很重视食物的口味，口味好才有利于进食。古代哲学家老子曰："味无味。"这一句话的意思是很玄妙的，不论食物的口味有味或无味。这些论

述反映了我国古人很重视食物的口味，所以说味以鲜为贵。

孔子（公元前551～前479年）很重视肉食美味，他说“食不厌精，脍不厌细”，意思是食肉类要做得精细美味。孔子还指出：“不撤姜食。”这是他重视在食物中放入姜，姜有益于保健，也有利于食物的调味，尤其是在肉食时放一些姜，他认为有利于去秽（去除肉类的腥膻味）。

由此可见，在孔子时代已经食用调味蔬菜，以除去肉类、鱼类的腥膻味。在《礼记·内则》（公元前475～前214年）载：“切葱若薤，实诸醯以柔之。”

由此可见，我国的祖先至少在公元前4～前2世纪已经把葱和薤用作调味品了。

到了孟子时代（约公元前3世纪），“七十者可以食肉矣”，可见那时也强调吃肉，不过在当地70岁的老人才能吃到肉，吃肉也不易。

《孟子》又载“鱼我所欲也”“数罟不入污池”（太密的渔网不许用于捕鱼），说明孟子也爱吃鱼，并且当时已经有较好的捕鱼工具了。

上述几段指出，由于肉食、鱼食的发展和烹调技术的改进等原因，为了去除肉类、鱼类的腥膻气，改善口味，因此中国古代供食的调味蔬菜种类逐渐增多，其食用范围更广泛了。

秦朝吕不韦（秦朝的宰相）著《本味篇》是世界上现存最古的烹调理论专著，在这本书中提出以甘、酸、苦、辛、咸等调味，取得美食的效果，还提出了多种可供作调料的蔬菜名称。下面以周朝为例，说明我国古代调味蔬菜种类及其食用概况和特点。

（1）调味蔬菜种类多

周朝供食的调味蔬菜种类，共计有葱、韭、薤、蒜（山蒜）、姜、蓼、芥、蘘荷、蒿（蒿有多种）、椒（花椒）、香椿和紫苏。《礼记·内则》“芗”的按语载“苏荏之属”“古用以和味”，这两句的

意思是紫苏一类的香草植物，古代用于调味。

此外，还有一些不同于上述清香蔬菜类，但是也常用于调味配料的蔬菜有菰（茭白）、竹笋、芹（水芹）和荷。

从蔬菜园艺类别来说，我国远古时代供食的蔬菜种类中，以清香蔬菜种类最多，其次为水生蔬菜，至于豆类、叶菜类很少，其他绿叶菜类更少了。所以古人多吃些清香调味菜类，也可以补充一些叶菜类的不足。

（2）因季节和食物种类而异

按照不同的季节、肉品种类，采用相应的调味蔬菜种类。《礼记·内则》载："脍，春用葱，秋用芥。"意思是：吃肉时，春天用葱作调料，秋天用芥末作调料。

古代食用的野味多，包括雉（野鸡）、鹌鹑和野兔等野禽。食用不同的肉类、禽类，应用不同的调料。

（3）姜桂并用调味

在《礼记·内则》中已经详细记载五香牛肉的烧制方法。烧五香牛肉时，必须并用姜、桂（桂皮、肉桂）作调味料。"……去其皽……并布牛肉焉，屑桂与姜，以洒诸上而盐之，干而食之。"这个事例指出，我国在距今约两千五百年以前的古书中，已经载烹制美味五香牛肉的方法，不过当时烧五香牛肉仅供皇室权贵享用。根据上例可以推测，当时还已掌握其他一些美食烹调的方法了。

（4）因烹调方法而异

按照不同的烹调方法，采用不同的调料。例如，同样用于烧鱼，熟食炒鱼片时用茭白作调料（鱼宜菰）；如果吃生鱼片时，则用芥末作调料（鱼脍芥酱）。

（5）官方重视

周朝的官方重视调味蔬菜的食用技术，官方为百姓制订了膳食指南，指导百姓合理使用调味蔬菜。《礼记·内则》是有名的古籍专著，着重于指导百姓食物的调制搭配等技术。又在《周礼》《礼记》

中已经造出了薌（芗）字，薌（芗）是指古代用以调味的香草植物。

（6）饮食礼仪要求

古代在饮食或宴请时非常重视礼貌。《礼记·内则》载：“进食之礼，醯酱处内，葱渫处末。”这句话的意思是：在请客吃饭时要注意礼貌，应该把肉酱放在里面，把生葱和煮过的葱放在末端，交给宾客。

由此可见，古代华夏是礼仪之邦，崇尚道德，礼貌待人。

（7）调味蔬菜用途的发展

随着时代的变化，我国古代调味蔬菜除了食用以外，又发展应用于其他方面。

供神 古代人类生活于神权时代，认为神可以主宰人的一切。调味蔬菜类有强烈的香气，古人认为香物可以迎神，供神享受以造福百姓。

《诗经·豳风·七月》载：“四之日其蚤，献羔祭韭。”这一句话的意思是：早春一开冰就用羊羔青韭祭神。可见远古时代韭菜和羊羔一样重要，都是祭神的珍品。

《左传》载：“苹蘩蕴藻之菜，可荐于鬼神。”意思是蒿类可以用于祭神。

古人又利用花椒制成椒酒、椒浆和椒糈（在酒、浆、米中加入花椒制成香物）以供神。

药用及保健 我国的调味蔬菜种类中，紫苏、薄荷、荆芥及河南十香菜等，本来就是药菜兼用，自古也供药用，秦汉以后更多用于药品。《尔雅翼》载：“紫苏取子研汁煮粥，常服令人肥白。”

用于宫廷建筑 汉朝和唐朝，将花椒和泥制作古代宫廷的墙壁，利用花椒挥发出的香气和热能，建成椒房、椒室等，能使后妃繁衍多子。

随着人类社会的发展，烹饪技艺的改进，以及调味蔬菜种类的引进等原因，从古至今，中国调味蔬菜的种类也在不断地变化。汉

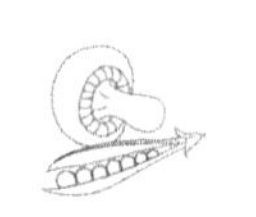

朝引进大蒜和芫荽，清朝引进辣椒，使中国的调味蔬菜品种更多并且逐渐形成以葱、姜、蒜、椒（辣椒、花椒）为四大支柱的调味料体系。

第二节　小调料的大文章

上述各节讲到葱、姜、蒜、椒等，可以供作调味料，有些人因此会把它们看作仅是日常生活中的小东西。不过仔细想来，它们从古至今是调味良材，家庭的厨房中，一天也离不开它们，人们要想吃美味的食品，也必须重视它们。

民以食为天，人们越是想过好的生活，越要烹调美味的食品，越是需要它们。近来看到一些中国古书，发现在著名的古书中，竟详细记载了这些小调料。如果详细地去研究中国的饮食文化史，不难发现这些小调料曾经"写"过大文章，当然它们现在还"写"出色的文章。

1. 著名古籍中详载小调料

在周朝的古籍中，《论语》载孔子曰"不撤姜食"，尤其是在《礼记·内则》中记载着很多关于姜、葱、芥等调料的内容。《礼记·内则》是周朝官方（政府）指导百姓生活等的权威古籍，在这本古籍中记载着多种调料蔬菜食用的方法，例如"脍，春用葱，秋用芥""脂用葱，膏用薤"等，也就是说，要合理地使用调料，应该根据不同的季节，不同的肉食种类及油腻程度，选用合适的调料品种。

《礼记·内则》中又指出"鱼宜菰"，意思是茭白炒鱼片是最适宜、最美味的菜肴，这是非常明智的指导。从理论上说，茭白是炒

鱼片最适宜的配料。一直到现代，茭白炒鱼片仍旧是家常菜肴中美味的菜肴。

葱是小调料，但是我们远古的祖先却十分重视葱，周朝的官员把葱作为招待贵宾的食品，并且以葱敬客时，十分注重礼貌，所以主敬贵宾时，必须把葱放在葱卷的后部，把有肉的一端放在葱卷的先端，去敬贵宾。这件事也郑重地记载于《礼记·内则》中，由此也反映古代中国是泱泱大国，礼仪之邦，中国古人讲文明，崇德尚礼，应该是后代中国人的榜样。

秦朝《吕氏春秋·本味篇》是迄今世界上最古老的烹调理论专著，书中详载烹调技艺的关键，也提出调料的内容。汉朝刘熙著《释名·释饮食》内容涉及调料，有“五味调和，需之即成”之句。在五代（约公元9世纪）《梁书》中也讲到调味料，有“匏酱调秋菜”句。元朝的《饮膳正要》《居家必备用事美食集》都是烹调技艺专著，内容也讲到调料。清朝烹饪专著《醒园录》详述美味香菜的调味技艺，尤其是清朝美食家袁枚著《随园食单》，是烹调技艺经典著作，他非常重视调料，他主张“葱、椒、姜、桂……虽用之不多，俱选上品”，这句话的意思是葱、椒等作为调味料，虽然用量很少，但是必须选用优质良材。袁枚还指出，如果调味等烹饪技艺巧妙，可以使“豆腐得味，远胜燕窝”。

此外，我国古代著名诗人也留下了吟咏调味料的诗句。宋苏轼诗云：“芽姜紫醋炙银鱼，雪碗擎来二尺余，尚有桃花春气在，此中风味胜莼鲈。”这首诗说明宋朝人用芽姜做调料，烹制成美味的鲥鱼。

南宋陆游亲自烹制荠菜，它巧妙地用少量的姜、桂作美味荠菜的调料，他作《食荠》诗云：“微加姜桂发精神……妙诀何曾肯授人。”他认为用姜、桂作调料是他的调味技艺的妙诀，不能传授给别人。

汇总上述，说明中国历代的小调料，曾经被古人写出大文章。

2. 为历代烹制成著名的美味食品作出贡献

早在《礼记·内则》中，已经记载应用姜、桂作调料，烹制成美味的五香牛肉，这段记载证实，中国在二千多年以前，已经烧五香牛肉了，很可能这是世界上最早烹制成五香牛肉的记录。烧五香牛肉必须并用姜和桂皮，说明小调料的身价是很高的。

唐朝玄奘大师取经返朝，唐太宗亲临御宴，为他们洗尘。宴席上数十道素食名菜肴，姜、芥等小调料又大展风采，例如“几次添来姜辣笋”“芥末拌瓜丝”“花椒煮莱菔”和“椿树面筋叶”等。

南宋时杭州酒肆林立，烹饪技艺发展很快，当然更讲究应用调料。在高级餐馆中，甚至有专职切葱的厨师，他们应用葱、姜、韭菜花等多种调料，烹制成许多美味的菜肴，包括二色腰子和涮羊肉等。

宋朝《清异录》载：“葱和美众味，若药剂必用甘草也。”这句话的意思是：葱在许多菜肴中都用作调味料，好比在中药中必须加入甘草一样。从这一段文字可以指出，葱在宋朝是重要的调料。

明朝的《西游记》中记载的多种美味菜肴，实际上就是当时江苏的（淮扬名菜）。例如皱皮茄子鹌鹑做，滥煨芋头糖拌着，这些菜肴所应用的调料是“椒、姜辛辣般般美，咸淡调和色色平”。由此可见，在这些菜肴中姜和椒等都发挥了调味作用。

清朝美食家袁枚潜心于调料等烹饪技艺，并且烹制成扬州三种肉、云林鹅和扬中蒸豆腐等名菜肴。

1898 年闻名于中外的四川榨菜终于制成了，榨菜的口味独特，鲜辣香美。榨菜味美的主要原因，是应用了多品种（包括多种干辣椒、姜、花椒和茴香等）调料，调制技艺又巧妙。

闻名中外的川菜口味浓香鲜美，其主要原因之一是“三椒”（辣椒、花椒、胡椒）的用量多，而且富有特色。

著名的粤菜（广东菜）注重调味等烹饪技艺，所以粤菜有五滋（香、松、臭、肥、浓）、六味（酸、甜、苦、咸、辣、鲜）的

美誉。

由此可见，小调料也为闻名国际的中华料理“写”下大文章。

此外，即使是在历代无数家庭的厨房中，也曾经烹制成众多美味的家常菜肴，在广大的家庭厨房中，一天也不能缺少小调料。在菜市场中，也不能缺少卖葱姜的小摊贩。

总而言之，小调料曾经为历代烹制美味菜肴“写”下大文章。

3. 小调料是保健珍蔬

小调料虽小，却不能轻视他们对人们的保健作用。葱和姜都是中药良材，蒜、韭、薤、椒也都有治病功能。在上文中已经指出，在葱、韭、蒜中含有丰富的维生素 C、维生素 A 等营养物质，它们都是人们的保健佳蔬。

下面再举例说明古人评葱和姜的保健功能。

古人说：“葱可谓佳蔬良药，一日不可无葱。”这句的意思是：葱是优良的蔬菜和中药材，一天都不能缺少葱。宋朝朱熹的诗“葱补丹田，麦疗饥”，赞扬葱的保健功能。俗语说“家中备姜，小病不慌”，中医界认为姜是“呕家圣药”。

现在的许多研究结果已经指出大蒜的保健功效，详见本书上述有关章节。

辣椒富含维生素 C 等营养物质，也是保健蔬菜。尤其它是御瘴（西南高山区的湿热空气）良药，当地人民不能缺少它。

辣椒又有许多种加工制品，我国西部偏远地区广种辣椒，大量生产辣椒粉，有助于当地人民脱贫致富，并且可以出口外销，创汇数也很可观。

综上所述，葱、姜、蒜、椒等小调料曾经“写”过大文章，不能轻视它们，今后还应该在保健方面设法使它们的文章“写”得更大更佳。

近期《解放日报》载一篇“葱花白薄荷花紫”其结尾说：“葱

白薄荷……是担当盆里的配角……即使是配角，也是深受人喜爱。”这句话表示人民大众对葱、姜等小调料是非常关心和赞赏的。

华夏祖国是文明古国，中国的蔬菜文化及饮食文化史，不仅是中国古文化史中重要的组成部分，也是富有特色、熠熠生辉的部分。

第三节 几种中国清香蔬菜历史探讨

1. 中国紫苏历史探讨

（1）前人的研究

紫苏是中国主要的清香草本植物，自古菜药兼用，为通称香草蔬菜类之一。中国紫苏的历史悠久，但是在古籍中记载的内容较少，近代的蔬菜园艺学书籍也仅有一些简述。

石声汉著《公元前我国食用蔬菜种类的研究》（1960 年）指出，当时中国的蔬菜种类共计 36 种，其中没有紫苏。

《中国蔬菜栽培学》（1987 年第一版）“中国固有的蔬菜种类”一节中载：“周秦至汉初（公元前 1000 ~ 前 200 年）中国的蔬菜种类共计 34 种，其中有紫苏。”又载：“这些蔬菜无疑都原产中国。”根据上述，中国在周朝已经有紫苏。在同一书中，“我国蔬菜的种类”节载：盛诚桂等（1973 年）根据古文献的记载，指出公元前我国固有的蔬菜种类有 40 多种，其中有荏（紫苏）。

这一记载进一步肯定我国在公元前已经有紫苏，并且紫苏是中国固有。

《中国蔬菜栽培学》（1991 年再版）“中国蔬菜栽培历史简述”载：“西周时期至春秋时期，在《诗经》（公元前 11 世纪 ~ 前 477 年）中载蔬菜种类 50 余种，其中没有紫苏……但在其他先秦文献的蔬菜中有芗（荏，紫苏类香草）。”应该指出，在《诗经》中虽然没有记

载紫苏，但是中国在西周时已经有紫苏是肯定的事实。

《中国蔬菜栽培学》（1991 年再版）“各论第二十一节”载：“紫苏在中国具有悠久的历史，秦汉期间《尔雅》（公元前 2 世纪）中就有紫苏的有关记载。”看了这一段文字以后，不免使人想到，如果要指出中国紫苏悠久的历史，以《尔雅》为例欠妥，因为还有一些比《尔雅》更早的古籍中，已经载有紫苏，至于芗是一个陌生的名词，它出现于什么时代？最早又载于什么古籍中？这些有待探讨。

总之，关于中国紫苏的历史，还有一些疑点待澄清。至于紫苏的原产地在何处，我国的一些权威蔬菜园艺书籍中很少明确指出，在《中国蔬菜栽培学》（1991 年版）记述：“紫苏原产亚洲东部，如今主要分布于印度、缅甸……中国、日本……”在这本书中紫苏的原产地范围较广，更没有明确指出原产地国家的名称。在这本书中，中国只是紫苏“主要的分布地区之一”，这种语气可以认为中国不是紫苏的原产地了。

总之，我国前人对紫苏历史的记述还有一些问题待探讨，至于紫苏原产地，更需要明确中国是否紫苏原产地。因此作者作下述探讨。

（2）进一步探讨中国紫苏的历史

上文已经涉及芗字，芗究竟是什么植物？古代的芗和紫苏有什么关系呢？这使作者注意到紫苏是古香草植物，中国香草植物的历史悠久，探讨中国香草的历史，应该有助于进一步明确中国古紫苏的历史。

作者在现代的《新华字典》中意外地找到芗（古薌）字，其字义是“古书中指用以调味的香草”。又从《辞海》（中华书局 1937 年版）查到薌（芗）字，《周礼・大祝》（书成于西周，公元前 1066 ~ 前 771 年）“薌”“俱作香”（意思是芗字和香字相同）。《周礼・内则》（书成于战国时代公元前 475 ~ 前 221 年）载：“薌无蓼。”

意思是：在调味香草类中没有水生的蓼。原文按语：“薌”桂荏之属，古以和味也。

上述两则中明确指出，在《周礼》及《礼记》中都载有芗字，在《周礼》中虽然没有明确指出芗中包括紫苏，但在《礼记》的按语中已明确指出芗就是紫苏一类的香草植物。由此可以肯定，我国最早在《周礼》时期已载有紫苏，并且指出，在那时紫苏等香草已经作为香辛调味品了。还应该指出，我国最早明确载有紫苏（桂荏）的历史及其功能的古籍是《周礼》和《礼记》。

既然在《周礼》时期已经造出芗字，芗又包括紫苏，说明我国在西周时期（公元前 1066 ~ 前 771 年）已经利用紫苏作调味品了。至于我国古代最早开发利用紫苏的时期，应该在造出芗字并刊于书册以前的时期。

根据本书第五章第三节中的“河南十香菜名称和历史考证”，古代黄帝曾经应用河南十香菜和紫苏等香草防治瘟疫流行，那么早在五千年以前的黄帝时代我国已经有紫苏了。因此，可以指出，紫苏是我国历史最久的香草蔬菜之一，早在黄帝时代及周朝已经有紫苏。那时中国的植物绝不会受到外来的影响，由此可以认为中国应该是紫苏原产地之一。

《中国蔬菜栽培学》（1991 年版）载：“现今华北、华中、华南、西南以及台湾都有紫苏野生种和栽培种分布。”这个事实更可以证实中国也是紫苏的原产地。

（3）紫苏在我国古香草蔬菜类中的重要地位

上述《礼记 · 内则》所载的按语中，已经明确指出“芗，苏荏之属”。意思是古代调味香草蔬菜类，就是指紫苏类的清香蔬菜。从这一句话能够体会到，紫苏可以说是古代调味香草蔬菜类的典型。

我国古代的香草蔬菜种类很多，例如藿香、香茅和薄荷等。为什么在《礼记 · 内则》按语中唯独指出紫苏，而且把紫苏作为古

代调味香草蔬菜的典型呢？仔细想来，紫苏不仅历史悠久，用途广，而且很早就被我国古人所重视，对它进行了一系列的研究与开发利用，并载于古籍中。西周时期已经确定紫苏的调味作用。在《尔雅》中又指出紫苏的古名——苏荏，并对苏荏的字义又作了研究。《尔雅》又开始确定紫苏具有保健作用，以后紫苏又被逐渐应用于中医药。

总之，紫苏在我国古香草蔬菜中具有重要的地位，我们聪明智慧的祖先在远古时代就已看中紫苏发展的前途，逐步加以开发利用，所以在《周礼》《礼记》《尔雅》等重要的古籍中都载有紫苏的内容。

在几千年以后的现代，紫苏也已成为备受全世界关注经济价值很高的多用途香草植物。中国古代先哲也可说是高瞻远瞩，具有先见之明了。

2. 论证中国是姜的原产地

姜是一种历史悠久且为国际重要的香辛调味蔬菜。关于姜的原产地，历来认为姜原产于热带亚洲的印度及马来西亚。我国蔬菜园艺书籍中所载姜的原产地内容记述于下，其中有一些疑点待澄清。

吴耕民著《蔬菜园艺学》(1946年)载："姜为东印度原产，其如何传播各地不详悉。"《论语》有"不撤姜食"之句，则我国在孔子以前当已栽培之矣。这一段文肯定姜是原产印度，但是又强调指出，中国早在孔子时代已经普遍有姜了，并且怀疑在远古时代交通不便，根本没有国际往来，姜又怎么能传至其他各地呢？(此文实际已怀疑中国也可能是姜的原产地。)

《中国蔬菜栽培学》(1987年)载："姜原产于印度、马来西亚一带"，但又载："姜在台湾省有野生种""姜于我国自古栽培"。这几句，在文笔艺术上是画龙点睛，它点出了"姜在中国自古栽培"和"在中国台湾省有野生种"。这几句的原意在于暗示中国也是姜

的原产地。

王化等著《上海蔬菜种类及栽培技术研究》(1994 年)(包括其日文版《中国の野菜——上海编》)载:“姜原产中国及东南亚热带地区”，这是中日两国学者初步综合上述两本书中想说出但未说出的话——姜原产中国，其理由也是在中国古籍中早已记载姜，且在台湾有野生种。

为了进一步澄清这个问题，本文对姜的原产地在何处，再作进一步讨论如下。

在中国多种古籍中已载姜，除了“不撤姜食”以外,《礼记》(公元前 475 ~ 前 221 年)载“楂梨姜桂”及“……屑桂与姜”(用于烧五香牛肉)，这些古籍指出，在距今大约 2 500 年以前中国已经普遍食姜了。还须指出，姜的栽培技术不同一般蔬菜种类，姜的栽培技术较复杂，一般菜农不会种姜，种姜必须由专职姜农(俗称姜师傅)去种。姜的栽培技术包括催芽和田间管理(须搭架遮阴)，采收以后进行长期贮藏，贮藏的技术又很仔细，一般人难以掌握。中国在周朝仅能略掌握少数蔬菜的栽培技术，那时姜还不能栽培，当然肯定那时供食的姜都是野生姜了。至于当时大量的野生姜又如何来的呢？古代交通不便，国际根本无往来，当时中国的姜不可能由印度传入。周朝中国人食用的姜，应该是中国的野生姜，而且那时中国的野生姜有很多，人们才可能普遍食姜了。

根据上述论证，中国无疑也是姜的原产地之一。

3. 河南十香菜名称和历史考证

河南人历来爱吃香辛调料蔬菜(简称香草蔬菜)，当地的香草蔬菜不仅历史悠久，并且种类多，除了众所周知的芫荽(香菜)和小茴香以外，还有荆芥、十香菜和薄荷等。河南是中国古文化发祥地的摇篮，因此它保存着多种历史悠久的香草蔬菜种类，也蕴藏着不少珍贵的中国香草蔬菜的历史与古文化，所以河南香草蔬菜的历

史与文化是值得研究的。遗憾的是，一直到现代关于这方面的研究和报道还是很少。

十香菜是河南香草蔬菜中的佼佼者，但是我国人民一般不闻其名。按照河南老乡的话说，十香菜是河南稀有的特色传统香草蔬菜。十香菜的个性很强，它最重要的特色是“香”，它既有荆芥之麻爽，又有薄荷之清凉。香气浓郁，风过而远，清而不浅，香而不腻。由于香气浓郁，“蚊蝇不落，虫害不生”。十香菜又是一种多功能的植物，它既可供蔬菜用，也可供观赏等用。

因为十香菜的历史悠久、多功能等原因，自古至今它的名称也很多，包括麝香菜、十香菜、芗草及黄帝香草等。了解这些名称的来历，有助于了解它的历史，甚至有助于了解一些中国香草的历史及其古文化。针对这个目标，作者不揣学识肤浅，对河南十香菜的名称及其历史作初步探讨，旨在抛砖引玉。

（1）为什么十香菜又名芗草

要解答这个问题首先应该了解很少见的薌字。

从造字的历史来说，薌字是从“鄉（乡）”字衍生出来的。古代的鄉字，并非指乡村的乡，古时的乡字常常和“香”“享”同义。香在古代人民生活中的地位很高，因为香常常用于敬神。而“享”的字义为享受。所以古乡字可以理解为“以香供享受”。

此后，从古“鄉”字又衍生出“饗”和“薌”字，“饗”字是“鄉”字下面加“食”字，字义是用高档酒食敬人（神）享受。“薌”是“鄉”上面加“草”，其字义为以高级香草（调味用）供人（神）享受。

在现代《新华字典》中有“芗”（薌）字，其字义是“古书上指用以调味的香草”。又《辞海》（1937年版）载：“薌，苏荏之属。”意思是薌和紫苏为同一类，都为调味香草。由此可知，薌字古代指的是“调味香草”，并且古代对调味香草很重视，所以在字典上专门设“薌”字。

值得注意的是，我国古代的多种香草中，只有河南的十香菜称

为芗草，其他的香草都不称为芗草。探讨其原因，是十香菜的名称中蕴藏着深奥的文化内涵。

古代华夏百姓为了纪念黄帝以香草治病，保护百姓之恩，将香草尊称为“芗（薌）草”，所以“芗草”是最高级别香草的尊称，专门用于供黄帝用，“芗草”的字义，实际已和“黄帝芗草”相同。（注：关于河南十香菜的植物学学名参见本书第一章中的“河南十香菜”节。）

关于十香菜的历史，参考下述:《周礼・大祝》载:“薌俱作香。”（书成于公元前 1066 ~ 前 771 年。）《礼记・内则》载:“薌无蓼。”（书成于公元前 400 ~ 前 200 年。）由此可见，“芗”（十香菜）在我国已载于距今约 2 500 年以前的古书中，那么十香菜供食用的历史至少在距今 3 000 年左右了，如果再参考下述“黄帝芗草”的历史，十香菜甚至可能在距今 5 000 年左右，已在我国供食用了。

（2）为什么十香菜又名黄帝芗草

为了解答这个问题，必须先介绍河南民间历来盛传关于黄帝芗草的神话。古《山海经》中记载黄帝和蚩尤大战的神话，原文为:“黄帝与蚩尤大战，蚩尤善巫蛊之术，对阵之时常以瘴疠之毒杀人……黄帝不能力敌，请天神助其破之。九天玄女授黄帝香草，以强身健体，驱秽祛邪，则不惧蚩尤所施瘴疠之毒，授予黄帝遁甲之术，以敌蚩尤，从而旗开得胜，擒杀蚩尤。”这则神话的意思是:黄帝和蚩尤大战，蚩尤有妖魔术，在打仗时常常放出瘴疠之毒，造成瘟疫疾病以害人。黄帝无法对付蚩尤的巫术，就请天神助他破敌。这时候九天仙女把香草赐给黄帝，这些香草可以强身健体，使人民免受瘟疫疾病的灾害。由于这些香草发挥了很大的作用，皇帝不再害怕蚩尤的毒计，使他能摆脱瘟疫疾病的困境，从而在这场战争中获得胜利，捉住蚩尤，把他杀死。

《山海经》（书成于公元前 400 ~ 前 200 年）是我国古代专门记述荒诞古怪的奇书。书中的内容当然不可全信，但也须指出，在这

类古奇书中，常常以神话传奇的方式来反映一些蕴藏的中华古文化的事实。所以对这则神话，应该去其糟粕取其精华，从中找出神话的实质。

如果能客观地分析这则神话，可以看出，它记述的虽然是黄帝与蚩尤大战，但它的内容中并没有讲到战争的实况和实绩，例如战争的时间、地点及战绩（人员伤亡等）。神话内容的重点仅是蚩尤的巫术、瘟疫疾病和香草。很明显，这则神话的实质，是记述黄帝应用香草战胜流行的瘟疫，保障了人民的身体健康。该文的作者用传奇的方式记述了中华古文化中重要的一页。

明确地说，上述神话记述了下列事实。黄帝统一天下以后，为华夏祖国的建设建立了不朽的功绩。那时战祸蔓延，有些地区环境卫生很差，疾病常发，甚至瘟疫流行，人民十分痛苦。在原始社会中根本没有医药卫生条件，要想控制疾病当然十分困难。黄帝为了解除人民的痛苦，不顾个人生命危险，深入病区寻找良策，“寻医问药”，调查研究。终于找到一些香草，可以强身健体、驱除蚊蝇，从而防止疾病的传染。黄帝大力宣传与推广这些香草的生产，扩大它们的应用，终于逐步地控制住瘟疫，保障了人民的身体健康。

从上述历史中更应该指出，当时黄帝重点推广使用的香草是河南的十香菜，因为河南十香菜香气浓郁，蚊蝇驱避，虫害不生，可以强身健体。

本文作者更以亲身的经历证实上述观点。根据作者 20 世纪 50 年代在西安市调查蔬菜时发现，从抗日战争时期直到解放初期，西安市夏季的冷食摊中，普遍放着一种从河南来的香草（西安人称为荆芥），可以免除蝇害，保证食品卫生。（作者注：西安市人民只知河南有荆芥，不知河南有十香菜，西安夏季冷食摊用以驱蝇的应该是十香菜。十香菜的香气和避蝇效果都超过荆芥。）

这件事还可以作出如下的理解，因为黄帝时代曾经大规模用香草驱蝇治病，取得了良好的效果，这种习惯一直延续到近代。所以

在西安一带夏季的冷食摊仍应用河南香草驱蝇，保障食品卫生。

古《山海经·西山经》又载："浮山有草焉……麻叶而方茎，赤花而墨实，臭如靡芜，佩之可以已疠。"这一段文字的意思是：浮山地方有一种香草……它的叶片上多皱纹，茎方形，花红色，种子黑色，它的香气很浓，像靡芜（古香草名）一样。把这种香草佩在身上，可以防治疾病。这明确指出，在远古时代曾有一种香草可以用来治病，这种事实也可以旁证黄帝用香草治病是事实。

更应该注意的是《山海经》中也明确指出这种可以治病香草植物的形态特征为麻叶、方茎、赤花和墨实。

根据上述特征去追踪这种香草植物的种类，可以肯定这种香草是唇形科芳香植物。（作者注：河南十香菜、荆芥、紫苏、藿香及薄荷等香草，都是唇形科植物，它们的共同特征是方茎。）如果再按照麻叶等形态特点再去追踪，更可以肯定《山海经》中所称能治病的香草和河南十香菜等十分相似。因此可以肯定，黄帝用以治病的香草是唇形科芳香植物，主要用的是河南十香菜，其他还应用紫苏和藿香等。

河南民间还有以下的传说，黄帝打败蚩尤平定华夏以后，感谢九天玄女以香草相助之恩，黄帝拜九天玄女为师，封香草为"百草之王"。由于香草能避虫驱病，黄帝令百姓将香草种植于各家房前屋后的庭院中，以镇屋辟邪。

所以一直到现代，河南地区民宅中仍普遍种植传统香草蔬菜，如十香菜、荆芥、薄荷和藿香等，而且河南人餐桌上也一直青睐香草蔬菜。

河南是黄帝的故乡，是中华古文化发祥地的摇篮，为了纪念黄帝热爱百姓，大力发展与推广香草，战胜疾病，保障百姓健康平安，河南人民尊称十香菜为黄帝芗草，以供永久铭记。

上述黄帝与香草的故事，也可说是华夏古文化发展史上的雪泥鸿爪！

从中国香草史来看，上述历史更可以指出，从黄帝时代开始，中国已逐步进入应用香草防治疾病、防止瘟疫的时代。

又根据《山海经·西山经》“浮山香草”一节所述的事实，可以指出，我国早在周朝已开始关于香草种类及其植物形态的研究。黄帝用香草治病的事实，也进一步为我国“以草入药”，发展中医药奠定了一些基础。

此外，从人类社会来讲，香草的历史也体现着人类社会发展的历史。古代在外国香草也被用于治病。应用香草进行芳香疗法，常常治疗一些严重的病害、传染病和慢性病。中世纪以后，则是人们应用芳香植物和香料，从瘟疫中拯救出人类的时代。

如果从现代科技的观点来看，香草植物究竟是否真正具有强身健体、防病治病的科学依据。根据现代医学研究结果，许多香草植物都不同程度地具有强身健体和防治疾病的功效。仅以河南十香菜（植物学上为留兰香）为例，留兰香中所含的化学成分主要有葛缕酮。留兰香具有祛风、散寒、止痛及消肿等功能，可以治头疼、目赤和红肿等症。

4. 河南民间香草蔬菜院

河南省的荆芥是我国闻名的一种香草蔬菜，人们也知道河南人爱吃芫荽（香菜），用餐时常常撒上一大把香菜。其实更值得注意的是，河南民间的香草蔬菜院（或香草蔬菜园）。在现代河南省的蔬菜市场中，居民买不到荆芥和薄荷等香草蔬菜，但是他们却能从民间的香草蔬菜院中随时采摘鲜嫩的香草蔬菜供食用。

（1）河南民间香草蔬菜院简介

民间香草蔬菜院（或蔬菜园）是河南省蔬菜供应的特色，它们具有下列的特点。

广　在河南省的传统住宅中，无论城市或乡村，都有大小不等的香草蔬菜院（在农村中为香草蔬菜园）。香草院的面积一般占几

分地，农村香草蔬菜园的面积为一亩左右。

从中国菜园发展的历史来看，河南省的香草蔬菜院仍旧保存着中国传统家庭自给菜园的方式，不过是在这些香草蔬菜院中，广泛种植了历史悠久的香草蔬菜。河南省的香草蔬菜院是遍地开花，在其他省市中是难见到的。

香 河南人爱吃面，在做面时当然必须用香草蔬菜做调料。北方人常吃牛羊肉，也需香草调料以去除腥膻味，这些情况当然使河南人食不离“香”了。所以河南民间香草院中的香草蔬菜都有浓香，但是不同的香草蔬菜各有特色的香气。荆芥的香气麻爽，薄荷的香气清凉，小茴香的香中略带甜味，十香菜的香气浓郁，可以说十香菜是香草院中最香的，它有麻爽、清凉的香气，又是“清而不浅，香而不腻”。

多 河南民间香草蔬菜院中的香草蔬菜种类多，可以说是一个小型的香草植物园了。在这些院里的香草蔬菜中，有大家熟悉的芫荽、小茴香、荆芥以及河南特色的十香菜，藿香在其他地方是作药用，但是在河南省藿香也作菜用，薄荷和紫苏是菜药兼用的。有的香草院中还种奇香的花椒，以果实作香辛调料，嫩叶也可作菜用。

久 河南民间香草蔬菜院的历史悠久，院中种植的香草蔬菜历史也很久（参见附表），附表中6种香草蔬菜（河南十香菜、荆芥、紫苏、藿香、花椒和薄荷）原产地应该都是中国。它们被我国人民开发利用的时期都很早，荆芥药用最早载于古医书——《神农本草》。河南十香菜分别载于战国时代的《山海经》《礼记》和西周《周礼》。紫苏最早载于《周礼》《礼记》和《尔雅》，这些都是西周至战国、秦汉时代的古籍。因此，它们被我国人民开始利用的时期应该在三千年以前了。

河南民间香草蔬菜院中的主要蔬菜，都是我国历史最悠久的香草蔬菜种类。研究河南民间香草蔬菜院的历史，有助于研究中国传

统蔬菜文化科技的内涵，也有助于研究中国香草植物史。从这一观点来说，更应该重视、保护和研究河南民间的香草蔬菜院。

（2）河南民间香草蔬菜院历史的探讨

在本节中将着重探讨以下 3 个方面的问题。

河南民间香草蔬菜院于何时开始建立？为什么能够在河南地区民宅内，建立如此广泛的香草蔬菜院？为什么这些古老的香草蔬菜院又能持续数千年之久？

应该指出，河南民间古老的香草蔬菜院，事实上反映了华夏祖国悠久的香草蔬菜资源，大约从黄帝、西周时代开始，这些香草蔬菜被我们祖先逐渐加以利用（食用或者药用），这些历史悠久的香草蔬菜是河南民间香草院能够建立的重要物质基础。

探讨河南民间香草蔬菜院建立和发展的历史，应该先指出下述两点，以供按图索骥。第一，河南民间香草蔬菜院中，普遍种植的十香菜，又名艿草或黄帝艿草，可见这些香草是和黄帝有一定的关系。第二，在古籍《山海经》中，事实上已经记述黄帝应用多种香草蔬菜（包括十香菜和荆芥等）控制大规模流行的瘟疫。（参见本书第五章第三节中的“河南十香菜名称和历史考证”。）由此可以推测，河南民间香草蔬菜院的建立与黄帝有关。

关于河南民间香草蔬菜院究竟于何时开始建立？现在当地老乡一般回答是先祖辈世代祖传下来的。要解答这个问题，有待大量查阅当地历代的地方志和有关古籍资料，但是澄清这个疑问，也应该重视河南民间还有相关传说。黄帝应用香草克服了大规模流行的瘟疫以后，认识到香草能够驱虫治病，黄帝命令河南的老百姓将香草种在各家各户房前屋后的庭院中，以镇屋辟邪。

根据作者上述两点有关的考证，对照这一则河南民间传说，可以认为这一则民间传说的确反映了古代历史的事实。还可以指出，河南民间广泛的香草蔬菜院，是在黄帝时代开始建立的，因为黄帝认识到这些香草蔬菜具有防病保健的功效，所以命令发动群众广泛

建立香草蔬菜院，并且逐步推广。那时香草蔬菜院中所种植的香草蔬菜有十香菜、荆芥和紫苏等，都是黄帝曾经用于控制大规模流行瘟疫时所采用的香草蔬菜种类。

黄帝在发动群众建立香草蔬菜院时，特别强调应用香草“镇屋”，可见他对建立香草院的重视。河南是轩辕黄帝的故乡，黄帝在河南民间广泛建立香草院也可以说是造福乡里了。

在封建时代，民宅中种香草以“镇屋”就好像一个寺庙中建一座塔，或者在一个城中建一座宝塔一样重要。塔有镇邪的作用，并且可以有神保佑一方的平安。

在黄帝的命令下，河南的老百姓在各自的庭院或菜园中广种香草蔬菜，他们认识到建立香草院是“镇屋”的头等大事。当然香草院也为当地居民提供了人民爱吃的多种蔬菜种类，这些香草蔬菜栽培管理简易，生长强健，病虫害少。当地人民认真地管理与保护香草院，因此使许多香草院能够世代传承数千年，直至现代。

从现代的角度来看，香草蔬菜院的建立给河南省人民带来福利，虽然菜市场中买不到香草蔬菜，但是人们却可以从自家的香草院中，采摘香草蔬菜供食，既鲜嫩又方便，更不要花钱去跑菜市场。

香草院中许多香草蔬菜，既可供观赏、美化环境，又可保健和供药用。香草蔬菜植物清香浓烈，有利于净化空气。

这些香草院非常有益于人民的健康，所以河南省也不乏百岁老人。东汉名医张仲景是河南人，享年 70 岁，在古代中也可说是高龄了。

河南是历史悠久华夏祖国发祥地的摇篮，河南民间香草蔬菜院建立的历史，应该是华夏古老乡土文化史的雪泥鸿爪。这方面的历史也可以为记述华夏古乡土文化史增添一砖一瓦吧。

河南民间香草蔬菜院中香草蔬菜历史简表

菜名	最早载的古书名称	最早载的古医书名称	最早开始利用时期	注
河南十香菜	《山海经》《周礼》《礼记》	——	黄帝时代	——
荆芥	《山海经》	《神农本草》（秦汉）	黄帝时代	——
紫苏	《周礼》《礼记》	《尔雅》公元前3～前2世纪	黄帝时代	《周礼》《礼记》载芗，按语中有紫苏
藿香	《山海经》	《名医别录》（魏晋）	黄帝时代	
花椒	《诗经》	《神农本草》（秦汉） 《雷公炮炙论》（秦汉）	西周	——
薄荷	——	唐朝医书	黄帝时代	唐朝以前名为苛（小草）不作为药用

5. 辣椒由海运传入中国沿海地区历史考证

本文所述的辣椒指辛辣味强的尖辣椒，不包括甜椒。

（1）辣椒由海运传入中国沿海地区

明朝末年（16世纪后期）辣椒由海运传入中国沿海地区，这与明代中国海运发达有关。明朝永乐年间（15世纪）郑和出海下西洋，开通了中国与外国的海上交往。明朝以后，我国与外国的海上交往显著增多，因此在16世纪左右，中国先后从南美洲等地，由海运引进了一些蔬菜种类，包括马铃薯、荷兰豆和西葫芦（美洲南

瓜）等。辣椒也在16世纪末，由海路引进至中国。以往认为辣椒是由海路引至广东沿海地区，再传至广西以及内地各省。另一种说法，辣椒是由海运传入浙江东南沿海地区，再传入内地。辣椒由海路传入我国广东的说法，尚有待史料证实。如果辣椒最早是引入广东的话，广东辣椒的生产应该是很发达的。事实上，直到近代，广东人并不爱吃辣椒，广东省尖辣椒的生产也并不发达。

下述的历史资料，有助于了解辣椒是由海路首先引入浙江东南部沿海地区。

我国最早记载辣椒的书籍，是明末高濂的《遵生八笺》（1591年）载："辣椒丛生，子俨似秃笔头，味辣色红甚可观。"这段的意思是：辣椒的植株多分枝，成丛生状，它的果实头尖，好像毛笔头。果味辣，红色，很美观。又载：因其从海外传来，且与花椒一样有辣味，故在此书中称为"番椒"。（注："番"，外国。）

辣椒引进我国的初期，是以果实供观赏用。清朝陈淏子著的《花镜》（1688年）草花谱载："番椒丛生，白花，子俨似秃笔头，味辣，色红，甚可观，子种。"又载："果初绿，后果红，悬挂可观。"这两句的意思是：辣椒植株易分枝，成为丛生状，花白色，果形很像毛笔尖，果味辣，果色红，很美丽，用种子播种。辣椒的果实开始时是绿色，果老熟以后变成红色，把它挂着观赏很美丽。

清代康熙年间《杭州府志》载："又有细长色纯丹，可为盆几之玩者，名辣茄。"这一句的意思是：辣椒的果形细长，鲜红色，可供作盆景观赏。

随着时代的变迁，我国引进辣椒的用途也逐渐发生变化。康熙十五年《山阴县志》："辣茄，红色，状如菱，可以代椒。"（注：①清朝山阴县属于浙江绍兴府。②椒，花椒。）

以上的地方志可以指出，在当时已经应用"辣椒"的名称以代替番椒；从康熙时代开始，浙江省的人民准备发展辣椒的生产，以代替花椒作为辛辣调味料，也就是辣椒由观赏用逐渐变成调味

用了。

综合上述的文献资料，可以指出下列几点：①《遵生八笺》的作者高濂是浙江人，书中所述的内容多为浙江的风情。此书中所载的辣椒应该是我国历史上最早的辣椒。由此也可以证实辣椒最早引入中国的地点是浙江。②在清代《地方志》中最早载有辣椒的是浙江的杭州和绍兴（山阴）的地方志。由此更进一步证实辣椒由海路最早引入浙江沿海地区。

辣椒引进浙江以后，逐渐在当地普遍栽培，并且逐步开展辣椒的加工腌制等。从清末到民国时期，浙江省不仅有辣椒优良品种，也有辣椒加工名产。例如，全国著名的杭州辣椒早羊角辣椒（载于《中国蔬菜栽培学》1987 年），闻名全省的浦江县的酱辣椒。浙江西部山区各县人民尤其爱吃辣椒。

（2）辣椒又怎样在内地迅速传开

辣椒的栽培技术较易掌握，食用方法也逐渐扩大，改善了人民的生活，尤其是山区人民爱吃尖辣椒，所以浙江省发展辣椒生产是比较快的。

浙江西部山区各县耕地少、人口多，生活艰苦，它西部邻近的江西省则地广人少。浙江省西部山区各县的农民，清朝有向江西移民开荒的习惯，这样也就很快地把辣椒由浙江传至江西省了。江西省的西部与湖南省相接，辣椒又可能由江西省传至湖南省。

康熙六十一年（1722 年）贵州《思州府志》载："海椒（海椒，贵州省辣椒的俗名）俗名辣火，土苗用以代盐。"由此可见，康熙后期贵州的土苗山区也广种辣椒了。

辣椒在西南山区迅速传开的一个重要原因是，西南地区多山，气候潮湿，俗称"瘴气"（指热带山林中的湿热空气），不利于人体健康。而辣椒的辛辣味强，食用辣椒以后可以增强体质，适应山区潮湿恶劣的气候环境。所以西南山区人民特别爱吃辣椒，不可缺辣椒。

广西《南宁府志》载："辣椒，味辛辣，消水气，解瘴毒。"《本草纲目拾遗》也载一则辣椒治愈疟疾的典故。

吴其浚《植物名实图考》（书成于清道光末年）（1848 年）载："辣椒处处有之。"这说明辣椒传入我国大约二百年以后，在我国各地已普遍栽培了，尤其在西南地区的四川、贵州、云南、湖南，以及西北地区的甘肃、陕西等省。

到了清代乾隆年间，辣椒已经作为一种蔬菜开始进入中国人的食谱了。

清代嘉庆以后，四川、贵州和湖南等省，辣椒已经是"种以为蔬，进餐时无椒芥不下箸也。汤则多有之"。这几句话的意思是：辣椒已经作为蔬菜，吃饭时每餐必备辣椒，如果没有辣椒就不动筷子。在做汤时，汤中也要放一些辣椒。

辣椒传入中国以后，便成为中国的主要蔬菜之一，且使中国系列的传统菜肴发生变化，色彩鲜艳、口味多样，最终出现满堂红的川菜等，享誉国际。味美鲜辣的榨菜，也得以驰名中外。

辣椒传入中国以后，也剧烈地冲击了中国传统的香辛调味料体系（以花椒、姜、胡椒为支柱的传统香辛味调料体系），从而迫使胡椒和花椒在中国香辛调料的地位明显下降。

中国人始终赞赏辣椒的传入，并非仅由于膳食的改进，菜肴的多样化。辣椒对人民的福利、国家经济建设的贡献也不容轻视。尖辣椒富含维生素 C 等营养物质，对偏远缺菜的高山地区的百姓而言，吃辣椒具有重要的保健作用。我国尖辣椒的加工制品多，出口创汇数目可观，在偏远贫困地区发展辣椒生产，可以显著增加收益，改善人民的生活。

第六章
蔬菜美食文化小品

第一节 美味的蔬菜种类

蔬菜是人们重要的副食品之一，人们的生活不能缺少蔬菜。评价蔬菜的重要地位，除了评价它们的营养成分以外，也应该重视蔬菜的口味。如果蔬菜的口味好，又能烹制成美味的菜肴，便能促进食欲，也有利于保健。美味的蔬菜和菜肴更是人们生活中的享受。

中国的蔬菜种类（包括野生蔬菜）很多，中国人也善于烹调菜肴，这也是中国人的幸福。蔬菜种类如此多，它们的口味差异当然大，那么哪些蔬菜种类最美味呢?

1. 古人评美味的蔬菜种类

我们聪明智慧的祖先曾经将想到的最美味的蔬菜种类，论述其观点并且记载于历代的古籍中。

南北朝（公元 420 ~ 589 年）南齐的文惠太子问名士周颙说:“菜食何味最佳?”周颙答:“春初早韭，秋末晚菘。”这一段问答的意思是：哪些蔬菜的口味最好？初春的早韭和晚秋的白菜口味最好。

又龚乃保《冶城蔬谱》载："山中佳味首推春初早韭。"这一段文字的意思是：在山村中最好吃的蔬菜是早春的韭菜。唐朝杜甫诗有"夜雨剪春韭"句，指出杜甫剪下美味的春天早韭，去招待久别的老朋友。

其实美味的韭菜食材还有韭菜花（韭菜薹），所以俗话说"八月（指农历）韭，佛开口"。

南宋范成大《田园杂兴》云："拨雪挑来塌地菘，味如蜜藕更肥浓。"这句诗指出低温下的白菜（菘）口味很好，美味如糖藕。

我国古人又赞赏竹笋的美味，唐朝白居易称竹笋是蔬菜中的第一品位者。明末李笠翁《闲情偶寄》对笋评价称："此蔬菜中第一品也，肥羊嫩豕何足比肩？"这一段文指出，竹笋是最美味的，连肥羊肉嫩猪肉都不及它好吃。宋朝苏轼诗云："长江绕廓知鱼美，好竹连山觉笋香。"竹笋的美味还在于它可以百搭，它可以和多种其他食材搭配，烹制成多种美味的菜肴。

古人认为茭白是美味的蔬菜，《礼记·内则》载"鱼宜菰"，所以茭白烧鱼片是美味的。

古代的文人雅士更欣赏中国的特色美味蔬菜——莼菜。贺知章诗"镜湖莼菜乱如丝……"（注："镜湖"在浙江绍兴。）江南地区特产莼菜的美味——莼羹鲈脍，也引起古人"莼鲈之思"了。

中国的古人也很欣赏野菜的美味。例如，宋朝苏轼曾说："菜之美者吾乡之巢（野豌豆）。"南宋陆游则爱吃荠菜，他写过 3 首食荠诗，并且亲自烹制成美味的荠菜。

2. 现代人也谈美味的蔬菜种类

在上文中已经指出，被古人评为美味的蔬菜种类，那么现代人又认为哪些蔬菜最美味呢？现代人们的观点与古人的观点有什么不同呢？

要回答这个问题，应该首先了解古代的社会背景，上文所述的

古人，一般居住在中原地区（黄河流域），所以上文中所评定的美味蔬菜主要是指产于黄河流域的蔬菜种类。其次古人所处的是封建社会，那时的农业当然不及现代发达，人们的消费水平较低，那个时代生产的蔬菜种类较少，同一种菜中的品种更少。

至于现代中国有哪些美味蔬菜种类呢？必须指出，现代中国的疆域辽阔，一方水土，一方文化。不同地区人民有不同的饮食习惯，当然不同地区有各自喜欢的美味蔬菜种类。

不过从总体来看，春韭和白菜仍旧被现代中国广大地区人民认为是美味的蔬菜种类。例如，最近报载一篇短文“不可错过是春韭”，此文强调春初早韭是最美味的蔬菜，千万不可错过采食它的时期。可惜现代市场上美味的韭菜品种——狭叶香韭已经很少了。

现代中国人仍旧爱吃白菜。东北人最爱吃酸菜，酸菜是大白菜加工制品；江南人爱吃“青菜”，美味的青菜（白菜）品种也多，上海著名的“矮脚青菜”质糯味鲜美，隆冬上市的塌棵菜，清香鲜嫩；广东人最爱吃菜心（上海称为“广东菜尖”），“菜心”也是白菜类蔬菜。

华北地区人民除了爱吃韭菜以外，也爱吃葱蒜，山东大葱是全国闻名的美味蔬菜。

江南地区人民仍旧爱吃竹笋和茭白，也爱吃金丝芥、金花菜（草头）及豌豆苗等早春绿叶菜，以及荠菜和马兰头等野菜。

西南地区人们最爱吃尖辣椒，每餐必辣，还有许多辣椒加工制品，是著名的美味调料。

西北地区的人们除了爱吃尖辣椒以外，吃牛羊肉地区的人们，必需芫荽（香菜）。

云南和贵州的人们炎夏爱吃薄荷，是解暑佳品。武汉等地人们爱吃清香荷叶，烹制成多种美味的菜肴。

总之，不同地区的特色蔬菜也可以称为当地的美味蔬菜了。

如果从提前上市、提早供应的角度来比较，现代所谓的美味蔬菜还包括提早上市的时鲜蔬菜（反季节蔬菜）。例如，隆冬刚过，早春才到，市场就有早黄瓜、早豆角和早豆苗等时鲜蔬菜，这些反季节生产的时鲜蔬菜，当然也可以列入当时最美味的蔬菜了。

但是，还有人认为，自己家中小园子种的蔬菜是最鲜嫩美味的，在这些蔬菜中，还含有自己劳动的情趣，"采菊东篱下，悠悠见南山"。

第二节　莼鲈之思

1. 古代的莼鲈之思

莼鲈之思是吴地（指苏州地区）美食文化历史长河中的 1 个闪光点，感谢先人把江南的莼菜鲈鱼的美味，千古吟咏流传至今。莼鲈之思闻名于中国历史文坛，也是中国蔬菜传统文化中的著名典故。

莼鲈之思是晋代张翰因为思念家乡的美食莼羹鲈脍，竟辞官回乡的典故。据《晋书》载"张翰在洛，因见秋风起，乃思吴中菰菜羹鲈鱼脍，曰：'人生贵得适志，何能羁宦数千里，以要名爵乎？'遂命驾而归。"

张翰辞官回乡时，作诗云："吴江水兮鲈正肥，三千里兮家未归，恨难禁兮仰天悲。"

上述几段文字的意思是：张翰因为想念家乡说"人生最可贵的是能够满足自己的志趣，怎么可以离家乡几千里路以外去做官，以取得功名呢？"因此他就毅然辞官回家乡去了。这个典故被后人传为佳话，流传至今，从此莼鲈之思也就成为游子思乡的代名词。

唐宋时代的许多著名文豪，写下了不少仰慕莼鲈之思的诗句，

对张翰辞官返乡之举加以赞赏。崔颢诗云："……渚畔鲈鱼舟上钩，羡君归老向东吴（江南）。"欧阳修诗云："思乡忽从秋风起，白蚬莼菜脍鲈羹。"

中国莼鲈之思，在唐朝又传到国外，当时平安朝的郭珺嵯峨天皇，也仿唐诗云："寒江春晓片云晴，两岸花飞夜更明，鲈鱼脍，莼菜羹，餐罢酣歌带月行。"由这件事可见，中国蔬菜传统文化在唐朝已经影响到国外。

古代类似上述张翰莼鲈之思的事件还有一些，例如在《归去来辞》古文中记载晋朝陶渊明辞官回乡过田园生活的古典。

"归去来兮，田园将芜胡不归！既自以心为形役，奚惆怅而独悲！悟已往之不谏，知来者之可追。"这几句话的意思是：回老家去吧！老家的园中已经荒野了，为什么还不回家呢？既然明白以前是违背了自己意志去做官的，为什么还要犹豫不决，独自悲伤呢？

又云："舟遥遥以轻扬，风飘飘而吹衣。问征夫以前路，恨晨光之熹微。"

这几句话是写陶渊明回家路上的情况：回老家的途中，船在水上轻轻飘荡，风轻轻地吹起我的衣服。上岸以后，在微弱的晨光下，我请问了路人，回老家去的路怎么走呢？

2. 现代也有莼鲈之思吗

在上文中已经讲了古代莼鲈之思的典故，看了上文的内容以后，也许有人会想到，现代还有莼鲈之思吗？有些人认为，古代交通不便，讯息不通，游子远去他乡工作，才会产生莼鲈之思。而现代交通十分发达，讯息又非常畅通，加以市场供应物资充沛，各地来的名特产品、土特产品琳琅满目，随意选购。在这种情况下，现代的人们还会有莼鲈之思吗？

随着岁月飞逝，莼鲈之思已经成为游子思乡的代名词了。在现代社会中，为了国家、社会的建设等工作的需要，离乡外出的人们

比古代当然更多了。游子离乡的路程也越来越远，甚至远涉重洋。久离家乡或独居异乡，更易触景生愁。少年时远去他乡工作，在他乡成了家。人老了，更想念故乡，想家乡的山山水水和亲人们。如果远离故乡的人，偶尔能够品尝家乡的菜肴，当然会有美妙的口感，可是也不免会因此引起乡愁。

最近的报纸载有几篇短文，其内容涉及想念家乡的野菜，在异乡品尝到家乡风味的菜肴，却引起了乡愁，以及游子关怀乡梓的建设等。

今将这些短文5篇摘要附载于下，参阅这些短文的内容，似乎可以证明现代还有莼鲈之思。

乡野深处野菜香

春一点头，天就暖了。故乡的小山村，春日清亮，百鸟欢唱，天穹像澄碧的河，山野像竹林的绿。油绿的春草在春意中浅吟，各种野菜也着了一身绿衣，在田间地垄、阡陌沟畔，悄悄探出头来。“主人闻语未开门，绕篱野菜飞黄蝶。”唐代诗人羊士谔大赞野菜的惜春和欢快，故乡翠翠绿绿的野菜，我想也是这个样子。

乡野的春天里，蕨菜、白蒿、婆婆丁、苦菜、小根蒜、马齿苋、苋菜、荠菜，丛丛簇簇，充满情趣和诗意。我从小就是个爱读古诗词的山里娃，在古诗词里，一眼就能找到小山村里各种野菜的影子来。《苤苡》中说：“采采苤苡，薄言采之。采采苤苡，薄言有之。”苤苡即车轮菜。此诗是说，好新鲜的车轮菜呀，快来采呀，谁采了归谁啊。“参差荇菜，左右流之，窈窕淑女，寤寐求之。”这是《诗经·关雎》里的诗句，其中的荇是一种可以吃的水草，也是一种野菜，柔软滑嫩，在古时就是一种美味。“彼采葛兮，一日不见，如

三月兮，彼采萧兮，一日不见，如三秋兮。”《采葛》中的葛即葛根，萧即白蒿，都是鲜美的野菜。贺知章《答朝士》：“镜湖莼菜乱如丝，乡曲近来佳此味。”白居易《放鱼》：“晓日提竹篮，家童买春蔬。青青芹蕨下，叠卧双白鱼。”古诗词中的篇篇佳作，还生动地记载了各种野菜春日蓬蓬的样子。

这些野菜诗，把小山村野菜的影子也都写了出来，好醉人哦。

荠菜青

风暖柔起来了，荠菜青了。荠菜是春天里的美食，荠菜的味道里有乡村生活的质朴和美好。

乡村之中，早春的清晨，清新怡人。小径河塘，被青青的草木掩映着，湿润的水生植物的芳香在空气中弥漫开来。荠菜、茵陈蒿、蒲公英苗儿在田野上伸展开腰身，争先恐后地生长起来。在我的故乡，人们把荠菜称为麦荠菜，也叫花叶麦荠菜，这个名字让人联想到乡村中的麦子的模样，颇有乡野清韵。

吃荠菜，其实很简单。嫩绿、柔软的质地，放在油锅里略微一炒，或放在热水中稍稍一焯，炒荠菜或凉拌荠菜就成了。然而，在我的童年记忆里，大人们总是在忙碌，有时，挖回家的荠菜被弃在一旁，无人过问。父亲曾说，他少时家贫，在春天的麦田里锄草时，挖出来的荠菜舍不得扔，却又总是没时间去烹调，几天就老了，凉拌后蔫蔫的，不再清爽，聊胜于无，只是能暂时缓解腹中饥饿，有着暖老温贫的意味。

品尝美食是一种喜欢、一种情缘、一种心情，也是一种

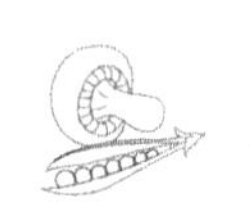

追忆。追忆那些流逝的时光，追忆那懵懂的儿时。美食之所以美，有时其实是心中生出了欢喜，不仅仅是口感的愉悦，比如说辣椒鱼之于湖南人，烩面之于郑州人，榨菜之于四川人。面对荠菜，父亲咀嚼出的是清贫的童年，我怀想的是儿时乡村朴素美好的清韵，是《诗经》中的简约而旖旎的气息，是《观沧海》中的浑朴和凝重的气息，是《归园田居》中的飘逸和淡雅的气息，想到的是老时归故乡，朝暮伴田园。

荠菜生乡野，春来入口鲜。春在溪头荠菜花，春天的清新和美好就在溪边那些不起眼的小小的荠菜花上，在荠菜怡人的气息中，春天虽然朴素而平淡，却是铺天盖地来了。把荠菜凉拌，入口慢慢咀嚼，吃的是那种清爽的滋味，爽口、鲜嫩，有一种把酒话桑麻的意味。

荠菜饺子和馄饨，味道也是极美的，做起来也不复杂。把刚刚生出来的尚未开花的鲜嫩荠菜洗净后和瘦肉、大葱等做成馅儿，包饺子或馄饨吃。这样的吃法颇有乡野风味，吃的不仅是荠菜，更是一种质朴醇厚的人间风情。

荠菜炒着吃也是极好的，洗净，不用刀切，入锅清炒，放上一点红辣椒，在现代生活中，这也是一盘难得的乡野菜蔬，吃来爽口鲜嫩，更是下饭佳品，让人吃出采菊东篱下的清雅意味。

一痕摇漾青如剪，春在红尘荠菜青。春天的荠菜，青青一片，摇漾起我的无限情思，朴素而美好。

故乡江藻莲荷

新秋时节，家乡西施故里诸暨江藻的乡亲给我送来了莲蓬和葡萄，让我喜出望外。三年前我提议在家乡种植莲荷，

举办荷花节，让十里荷花辉映江藻，没想到我的梦想这么快就变成了现实。

三年前，江藻镇党委书记田海斌来沪，听取在外乡人对家乡建设的意见。江藻的钱池村流传越国西施驻留的故事，梓尚阁村有宋康王来圣姑殿祈雨的传说，吴墅村有南宋抗金名将吴玠、吴璘兄弟筑造的别墅。明万历年间，进士钱时的母亲欲游西湖，孝顺的钱时借雁宿湖景观，建成了小西湖十景。随着岁月的流逝，早已不复存在。我提议借雁宿湖改造之机，努力打造水乡文化，建设人文江藻。如在公路两旁的水塘里种植荷花，养鱼种荷，可改变水质，还有收益。江藻乡贤柴汉峰夫妇闻讯，慷慨捐赠100万元。

江藻是典型的江南水乡，远眺崇山峻岭，茂林修竹；近观池塘遍布，碧天莲叶，荷花飘香，渔舟出没，鹅鸭欢叫，一派田园风光。少年时，父母总将我们兄弟“遣回”家乡过寒暑假。雨天歇工时，忙着挣工分的堂兄弟会带我们去西施塘采莲。池塘里一片雾蒙蒙，头戴斗笠，身披蓑衣，冒着淅淅沥沥的夏雨，驾一叶扁舟，穿梭于荷塘深处。荷花艳丽，莲叶滚珠，馨香扑鼻。采摘一个大莲蓬，轻轻剥开，将鲜嫩的莲心放在嘴里慢慢咀嚼，满口清香，好不快乐。

排在四大美女之首的西施与荷花有缘，相传二千五百多年前她远行吴国那天，乡民在浣江上点亮无数荷花灯，为西施祈愿，后人称她荷花女神。钱池村之名亦与西施有关，据《江藻雁宿湖重修记》碑载：“春秋吴越争霸，西施忍辱负重，习歌舞而北上，别桑梓逐行此。乡民欲睹绝色，桂舟容或受阻。渔翁献策，投币得见。须臾，钱积舱满。名臣范蠡，乃命掷钱于村头池塘，瞬间盈溢。钱池之既得名也。”范公

赞叹曰："壮哉钱池！民不惜钱，必不畏死。民心可用矣！"千年而下，越民侠义之气，始于斯源；越国复兴之路，由此开启。

这样一位侠义的荷花女神，在越国复兴后却被越王投入湖中成千古奇冤。这在墨子文中有记载。西施与范蠡游五湖，那是后人编的美丽故事。西施殿重建时，我写了《五律咏西施》一首："越女夸天下，西施有艳声。人徒工媚笑，尔独敢含颦。报国千年重，谋生一念轻。浣纱非祸水，旧案待重评。"此碑恭立在西施殿碑廊里。今春，故乡为我题写的"西湖遗韵"碑举办揭幕典礼。

我在典礼上披露了久藏心底的秘密。小时候，家乡耸立着高高的进士牌坊，看着牌坊上的娟秀挺拔的书体，我萌发了把字写好的心愿。如今，我应邀为家乡写匾碑，目的就是希望后来的学子，看了这些碑文，也产生写好字的愿望，让家乡"耕读传家"的文化得以弘扬。

莲荷给乡亲带来了财富，也为游人送去欢乐。祈盼来年接天莲叶无穷碧，映日荷花别样红。

欢喜酸菜

老一辈东北人提到南方，还习惯称之为"关里"，有邻家伙伴随父母回山东省亲，临行道别问起，只道是"回关里家"，至于"关里家"究竟在哪，孩子却是着实说不清的。

旧时出关，除公干外，亦有犯了流刑，尚阳堡、宁古塔也就成了流放者的土地。

无论出关入关，回家便是欢喜岭。离家八载，每逢心烦意乱时，总不免想家，我怀念冬季煦日下的冰雪，怀念母亲锅

中炖熟了的酸菜。酸菜是东北独有的美味，华北地区不少地方虽也有渍秋菜的习惯，但腌好的酸菜与东北比起来，却还是有所不同。渍酸菜是在深秋，白菜价格便宜得喜人，老人们买上几十颗，开水烫过，冷水冲凉，挤去水分，用家中老缸，一层盐一层白菜层层码齐，末了上面还要放一块石头，将菜紧紧压住。经过一个多月的发酵，东北也到了飘雪的季节，回到家中，捞一颗酸菜，洗净切丝，赶上市场上有新杀的猪肉，切两斤五花肉，灌一条血肠，抓上两把粉丝，在大锅乱炖，若能吃辣，还可以干辣椒炸一碗红通通的辣椒油佐食。

窗外大雪纷飞，屋内热火朝天，就着一碗正儿八经关东高粱酒，半锅香气腾腾的杀猪菜，三五人开怀畅饮，吃的是兄弟情谊，是江湖义气，其乐融融；两口子相坐对饮，吃的是相濡以沫，是白头相守，岁月静美；一个人自斟自饮，吃的是俱怀逸兴，是感念旧事，思乡故人。酒是辣的，喝在口中，于喉咙里烫成一条线。酸菜解醒，一口热气腾腾，又酸又香的酸菜汤下肚，顿觉浑身三万六千个毛孔，无不散发出暖洋洋的气息。

曾经，酸菜是穷人的食物，《红楼梦》第十九回的脂批中提到，后来贾府没落，宝玉如乞丐般“寒冬噎酸齑”，便是酸菜。时至而今，酸菜早已脱了“贱籍”，成为东北一道最具代表性的美食。记得入关时，有人同我讲：“这也叫柳条边，当年到了这儿就算到了边关。”是啊，柳条边，依依不舍的温情诗意中饱含悲壮，“柳条折尽，花飞尽，借问行人归不归”。到了关里，见不到燕子，更没有冰雪，只能偶尔到东北餐馆里，叫一份杀猪菜，浓浓的酸菜香里有故土的味道。

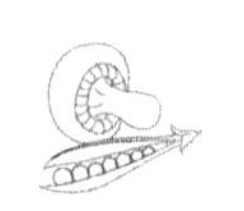

冲菜舌尖冲乡愁

近年来，家族春聚，我都要带上两三个菜秀秀厨艺，其中总少不了咱川渝的特色小菜，冲菜。

第一次品尝我的冲菜时，晚辈们无不双眼流泪、喷嚏连天，嘴巴大张着哈气，有的甚至捏着鼻子，夸张地大喊："冲死人不偿命啊！"当有人问"怎么做"时，厨艺在家族中首屈一指的二姐夫，看了看这盘青青黄黄、香辛扑鼻的小菜，顺口答道："放了芥末酱块呗！"我当即更正："什么添加剂都没放，绝对是原始原色、原汁原味！"

之所以带冲菜，是因为这时正值冲菜的食材笋壳青菜（华东、华南称"芥菜"或"盖菜"）起薹时，街边、集市随处可见刚刚起薹、花欲开未开的青菜尖出售。还没将那菜拿到手上，一股清香的"芥"味就直冲鼻翼，谁也经不起这份"诱惑"。

将鲜嫩的青菜尖拿回家，洗干净，切成两半或四半，摊开晾晒，直晒到花尖也蔫软，用手搓揉，叶片既不会断裂，也不会粉碎，就是最佳状态。烹饪时，将晒好的青菜尖切成黄豆大的细粒，然后将姜、蒜、葱切成末放在菜上，加小半勺白糖，再加上适量的盐。炒时，锅里放油烧热，将备好的菜和佐料一起放入锅里大火翻炒。菜刚断生，迅速铲到预先准备好的一个大碗里，边铲边按紧。再用晒蔫的青菜叶或食品袋将菜蒙住，上面紧紧扣上一个小点的碗，然后在碗外面封上两三层保鲜膜，静置阴凉处半天或一天就成。余下的稍加点盐，放入有盖的玻璃瓶，放进冰箱，吃多少倒多少，几个月甚至半年后，其芥味仍直冲天门。

冲菜好吃，烹饪不难，只要掌握"晒蔫、趁热、快速、

密封”的八字经，应季时就能品味尝鲜。不过我却没想到，这一特色小菜，还能“冲”出舌尖上的乡愁。

寓居悉尼的那些年，想吃家乡的酸菜和冲菜，想到命里去了。于是便在花园中种上在华人超市里买的“盖菜”秧。尽管“淮橘为枳”，这“盖菜”长不到多大，且越长越像青的白菜，但扳下来的叶片做成酸菜，倒也聊解乡愁。然而，最过瘾的却还是用那刚起薹、略露淡黄色花蕾的“盖菜尖”做成的冲菜，比起家乡地道的冲菜虽稍逊一筹，但陡然入口，却也能把人“冲”得“痛哭流涕”！

四处打电话邀老乡前来品尝，“乡味如斯，不敢独享”！某老乡像平素吃菜那样，夹上一大筷送入口中，刚嚼了两口，便惊异地僵住，随即便是眼流泪、鼻流涕、头冒汗、嘴大张、耳抖动，上演了一出“五官总动员”！见劲道如是，其他老乡品尝时皆小心翼翼，然而即使这样，那些“潜伏”的中国味蕾也被哗啦啦“冲”醒：“就像我老妈做的冲菜！”心绪“冲”动，眼泪竟流了个痛痛快快：“江山易改，乡味难移呵！”

（注：本文所指的冲菜原材，应该是茎用芥菜，俗称榨菜，四川称为青菜，是四川省的名特产。冲菜是这种鲜芥菜的加工制品。）

后　记

在上海市农业科学院迎来建院60周年之际，院资深专家、国内蔬菜行业德高望重的王化先生之最新著作《清香蔬菜研究》付梓出版了。先生近百岁高龄，以羸弱之躯，未曾借助网络技术，历经五载寒暑，皓首穷经，一字一句，雕琢推敲，伏案笔耕，其间艰辛可想而知。也足见先生渊博的学识，扎实的学术造诣和惊人的记忆力，其老骥伏枥，孜孜不倦的精神怎能不令人肃然起敬。

初识王老是1997年10月，我从南京农业大学毕业来上海工作，临行之际导师李式军先生嘱咐我到上海后要拜访先生。在一个阳光灿烂的秋日下午，我与先生在他愚谷邨的家中畅聊了2个小时。那时先生虽已退休，但仍心系院所发展，对着《解放日报》一篇篇的文章，指出哪些政策和导向与今后的科研工作有关。并针对我的工作方向，提出设施园艺首要科学问题是设施的结构，技术的集成应首先用在育苗上。惭愧的是，时至20年后的今日，业界仍未很好地解决王老提出的问题。临别之际，王老馈赠了我他珍藏的《中国蔬菜》杂志以及三本英文原版专业书，并委托我将另外一些书籍交给他的母校南京农业大学图书馆。一个长者对后辈的关怀、提携以及一个学子对母校的赤子之心令人肃然起敬。

王老专业上的成就所达到的高度以及对产业的影响令人难望其项背。他曾参与选育的‘605’小白菜已经成为国际上研究和选育耐热小白菜品种的主要种质资源。他研究的无土栽培技术、工厂育苗技术和温室自动化控制技术都已经达到了很高的

水平，即使现在仍是主流技术。此外，王老是美国农业环境工程协会和日本园艺学会的会员，2010年上海世界博览会期间，原日本千叶大学副校长伊东正先生来拜访老朋友，王老日文英文随意变换，谈笑风生。他博采众长，自主创新的精神，仍是我们学习的榜样。

“田间打硬仗 笔尖下功夫”是我2019年春季看望王老时，他亲手书写赠与我的墨宝。王老解释说，农业科研人员的责任就是解决农业生产中面临的技术问题，解决广大市民对蔬菜消费需求提出的更高要求。他认为：“农业科研工作者要到田间地头去，目前要解决的问题很复杂，要有打硬仗的思想准备，这不是一件轻松的事，要沉下心去运用所学解决生产难题，不断提升自己的实践水平。同时，科研人员毕竟不是简单的生产工人，要学会总结、研究、分析和实证，将解决问题的方法写成文章供更多人参考应用，努力提升自己的学识水平。”这是王老一生的写照，也是他对年轻人的嘱托。

“问渠哪得清如许，为有源头活水来。”王老这本著作凝聚了他一生的心血，更是王老一生学识的积累，愿大家在研读本书时更能体会到一位长者对他所钟爱的蔬菜科技的一片丹心和终生学习的执着追求。

上海蔬菜经济研究会会长
上海市农业科学院园艺研究所所长 **朱为民**